黄酮类发色体的合成与应用

汤立军　崔　建　编著

东北大学出版社
·沈　阳·

Ⓒ 汤立军　崔　建 2011

图书在版编目（CIP）数据

黄酮类发色体的合成与应用／汤立军，崔建编著. —沈阳：东北大学出版社，2011.6

ISBN 978 - 7 - 81102 - 945 - 1

Ⅰ．①黄…　Ⅱ．①汤…　②崔…　Ⅲ．①黄酮类化合物—染料　Ⅳ．①TQ613

中国版本图书馆 CIP 数据核字（2011）第 112120 号

出 版 者：东北大学出版社
　　　　　地址：沈阳市和平区文化路 3 号巷 11 号
　　　　　邮编：110004
　　　　　电话：024 - 83687331（市场部）　83680267（社务室）
　　　　　传真：024 - 83680180（市场部）　83680265（社务室）
　　　　　E-mail：neuph@ neupress. com
　　　　　http：∥www. neupress. com
印 刷 者：沈阳中科印刷有限责任公司
发 行 者：东北大学出版社
幅面尺寸：170mm×228mm
印　　张：8.5
字　　数：155 千字
出版时间：2011 年 6 月第 1 版
印刷时间：2011 年 6 月第 1 次印刷
责任编辑：任彦斌　王延霞　　　　　　　　　责任校对：北　辰
封面设计：唯　美　　　　　　　　　　　　　责任出版：唐敏智

ISBN 978 - 7 - 81102 - 945 - 1　　　　　　　定　价：28.00 元

前　　言

　　随着人们环保意识的日益增强和各项环保法规的逐步完善，合成染料面临着诸多考验。有些染料、中间体和原料不仅对生物有害，而且对地球生态环境有害，因此目前上百种"禁用染料""环境激素"已被禁止生产和应用。在全球性的绿色革命浪潮的影响下，天然染料又重新引起人们的关注。

　　天然染料具有生态平衡的特点，对健康无害，不污染环境，具有生态友好，可生物降解，原料可再生等优点。目前也有一些国家的染料公司在开发生产天然染料。然而，天然染料的直接应用也存在诸多问题，如资源有限，提取分离困难，染色重复性较差，亲和力差，着色基团的作用力微弱等。所以更有效的途径是人工合成具有生物色素功能的染料，即仿生染料。

　　仿生染料不是简单模仿合成天然色素，而是在天然色素的基础上，开发新的一类生态染料，合成含有天然色素母核的新型染料分子。首先需要对性能优异的天然色素分子结构进行剖析，然后用清洁简便的生产工艺合成出天然染料的母体结构，最后使之生成性能优异的染料分子。在天然染料的母体结构上，引入染色性能优异的着色基团，如高分子可交联基团，通过交联剂的作用，使之与纤维发生共价键结合，这样可以解决仿生染料在固色率、色牢度和应用工艺上存在的问题，有望实现染料的百分之百固色。

　　天然染料中的黄酮类化合物广泛地存在于自然界之中，在天然染料中，占有极其重要的地位。有50%以上的结构属于黄酮类化合物，而且在黄色天然染料中，黄酮类结构占到90%。另外，黄酮类化合物具有广泛的生理活性，包括抗心血管疾病活性、抗炎活性、抗肝脏病毒、抗菌和抗肿瘤等活性，因而受到人们的普遍重视。

　　对黄酮类化合物进行结构修饰，合成出性能优异的黄酮类染料具有重要的意义。通过化学合成的方法，在黄酮母体结构上，引入硝基、氨基、甲氧基、二甲氨基、羟基等助色团，使其最大地吸收波长红移，同时提高与纤维的亲和力，用其作为分散染料，用于涤纶纤维染色。对所合成的黄酮类化合物都进行了结构表征，并且研究了合成的黄酮类化合物的抗菌活性。合成了含黄酮结构的可交联高分子染料，研究了该染料对丝绸和棉纤维的交联染色应用。

仿生染料无疑具有光明的前景，但其研究与开发必定是一个艰苦而漫长的过程。选择在天然染料中具有重要地位的黄酮类化合物为研究对象，研究黄酮类发色体的合成，将其作为仿生染料的母体结构，具有重要的现实和理论意义。希望作者的一点点工作能够起到抛砖引玉之效，为仿生染料研究的不断发展尽绵薄之力。

作　者

2011 年 5 月

目　　录

第1章　生态纺织染料概述

　　在 19 世纪以前，染色和印花所用的染料全部都是天然的动物、植物和矿物染（颜）料。1856 年，英国的 W. H. Perkin 发现了第一种合成染料——苯胺紫（Mauveine），开创了合成染料的新纪元，从此染料工业才真正成熟起来[1]。此后，合成染料碱性品红、碱性品绿、碱性品紫等碱性染料相继出现。19 世纪后半叶，偶氮染料和芳甲烷染料得到较快发展。回溯 20 世纪，随着纺织工业的飞速发展，大量色泽鲜艳、发色强度高、染色性能优异、牢度好的品种不断被开发出来，增加了还原染料、活性染料、分散染料等高档染料系列。随着染料生产厂家的增多和染料产量的增加，在生产过程中产生的污染也日益严重，而且一些染料中间体是有毒的、致癌的。近年来，随着人们环保意识的提高，合成染料在生产和应用过程中所带来的污染问题越来越引起人们的关注，在全球性绿色革命浪潮的影响下，人们开始把目光投向生态染料。

　　近年来，欧洲对纺织品不断设置"绿色壁垒"，禁用的染料、助剂和其他化学品范围不断扩大。欧洲最主要的法规是德国政府的《食品及日用消费品法》和 Oeko – Tex Standard 100。

1.1　德国政府的《食品及日用消费品法》

　　1994 年 7 月 15 日，德国政府颁布了一项环保新法规，提出禁止生产和使用 20 种致癌芳香胺和在一定条件下能分解释放出此类芳香胺的偶氮染料和其他致癌染料[2]，禁止这些染料以及使用这些染料的纺织品、皮革制品等长期与人们皮肤接触的消费品进入德国境内。但由于该法令缺乏明确的监管及执行制度，产品范围界限不清，又缺少标准的检测方法，所以执行时遇到了困难。德国政府不得不相继对该法令进行修正并推迟执行期。1997 年 12 月 23 日，德国政府对该法令作了补充及完善，对染色纺织品及服装限定的致癌芳香胺的最大限定值为

30 mg/kg，对染料的最大限定值为 15 mg/kg。1999 年 8 月 4 日，又增加了 2 种致癌芳香胺，总共为 22 种致癌芳香胺。

该法令明确指出，在一定条件下，裂解并释放出 22 种致癌芳香胺的偶氮染料受到禁用，因为这些致癌芳香胺只有在作为偶氮染料的重氮组分时，才能裂解并释放出来，所以不能扩大为所有偶氮染料都属于禁用。1994 年德国提出有 118种染料禁用，1996 年增加为 132 种，1999 年德国化工协会增加到 146 种。该法令是世界上第一部有关纺织品生态安全的法规，但只局限于禁用偶氮染料，不涉及其他化学品。

1.2　Oeko – Tex Standard 100 及 Eco-Label

Oeko – Tex Standard 100 是由一个国际性民间组织"国际纺织品生态研究和检验协会"（International Association for Research and Testing in the Field of Textile Ecology）发布的有关纺织品上有害物质的限定值和检验规则的生态纺织技术要求。所谓生态纺织品有一个特定的含义，就是这类纺织品是经过毒理学测试并具有相应的标志。"Oeko-Tex Standard 100" 要求对纺织品从 pH 值、色牢度、甲醛、致癌染料和会分解为致癌芳香胺或引起皮肤反应的染料、有害重金属元素、卤化染色载体，以及五氯苯酚、增白剂、软化剂和农药污染等方面加以控制。1992年 4 月 7 日正式公布第一版 Oeko – Tex Standard 100，以后历经数次修订，其中最重要的版本是 2002 年版，国家标准 GB/T 18885—2002 就是以此作为蓝本。2006年新版与以前几个版本在许多方面存在较多改变，其中有关致癌芳香胺内容，增加了 2，4 - 二甲基苯胺和 2，6 - 二甲基苯胺，减少了对氨基偶氮苯，确定为 23种致癌芳香胺。根据最新的欧盟法规，对氨基偶氮苯重新被列入致癌芳香胺的名单中，从而使致癌芳香胺达到 24 种[3]。根据德国化学工业协会的研究和从 1994年第三版《染料索引》中所登录的染料结构分析，所涉及的禁用偶氮染料有 155种；若按照染料的应用类别来区分，则禁用的直接染料有 88 种、酸性染料 34种、分散染料 9 种、碱性染料 7 种、冰染色基 5 种、氧化色基 1 种、媒染染料 2种和溶剂型染料 9 种等，这些禁用的偶氮染料品种数占全部偶氮染料的 7% ～8%，其产量约占全部偶氮染料的 5% ~8%。

最早的纺织品标准 Eco-Label 是根据 1999 年 2 月 17 日欧盟委员会 1999/178/法令而建立的。2000 年 7 月 17 日欧盟决定修改 1999/178/，也就是修改生态纺织品的老标准。2002 年 5 月 15 日作出了决定（2002/371/0），公布了欧共体判定纺织品生态标准的新标准。老标准的有效期截至 2003 年 5 月 31 日，新标准自 2002 年 6 月 1 日生效，新老标准有 12 月的过渡期。它分为 3 个主要类目，即纺织纤维标准、纺织加工和化学品标准、使用标准的适用性。新标准对禁用和限制使用的纺织化学品，即纺织染料和纺织助剂作出了明确的新规定，其禁止使用与限制使用的面比过去标准宽，要求也比 Oeko-Tex Standard 100 更严格[4]。

从 Eco-Label 标准可以看到欧盟针对生态纺织品的技术要求是迄今为止最严格的纺织品生态标准。同时，由于该标准是以法律形式推出的，使欧盟各国必须执行而且形成本国的法令，在全欧盟具有法律地位，其影响力还将进一步扩大。Oeko-Tex Standard 100 每年修订都受此影响，因此必须非常重视。

世界各国政府对生态纺织品极为重视。早在 20 世纪 60—70 年代，发达国家已对地球生态环境的破坏，对人类的健康及经济持续发展感到担忧，并提出了"绿色革命"的概念。随着"绿色革命"的深入开展，"绿色纺织品"应运而生，并且开始制定生态纺织品的标准，同时给予认证贴上生态标签。

我国染料工业在 20 世纪 80 年代以后获得了飞速发展，中国染料总产量大致以每 5 年 40% ~60% 的速度递增。我国染料工业已成为"欧洲、北美、中国和东南亚四大染料生产国和地区之一"[5]。

随着消费者环保健康意识的提高，越来越严格的有关生态纺织品法规的相继出台，生态纺织染料的研究与开发已经刻不容缓，而且将会在相当长的时间内成为染料工作者们的研究热点[6]。生态染料的研究可以从如下三个方面着手：①现有无毒害染料结构的改造，进一步提高其染色性能；②天然染料的应用；③仿生染料的研究与开发。

1.3　天然染料的研究应用进展

天然染料包括所有从植物、动物和矿物中提取的色素。在已统计的天然染料中，以黄色和红色品种最多，蓝色、绿色和黑色最少。植物和动物中的色素能溶于水，在性能上与合成染料最接近，在一定的条件下可以上染天然纤维，因而有些地区使用天然染料还是比较多的。各种植物中所含有的天然染料成分并不是单一的，往往是多种化合物，其中有一些色素是基本结构相同而取代基不同的一类化合物，如红花中除含有红色素外，还含有黄色素，其他植物也有类似情况。天然染料在植物体中常以 O 型或 C 型配糖体的形式存在，这类配糖体是可以溶于水的。

1.3.1　天然染料的分类[7-10]

从天然染料的化学结构来看，主要有以下几大类：类胡萝卜素、黄酮类、蒽醌类、萘醌类、苯并吡喃类、单宁类、生物碱类和靛类等。各类色素由于化学结构不同，其发色体系也不同，故色素的颜色也不同，上染天然纤维后的牢度也不尽相同。

（1）类胡萝卜素

类胡萝卜素广泛地存在于植物叶片、块茎和果实中。它包括叶红素和叶黄素两种。主要是黄、橙、红色，自然界中分布较广，像胡萝卜素、藏花酸等含有这类色素。β-胡萝卜素、藏花酸的结构式如下。

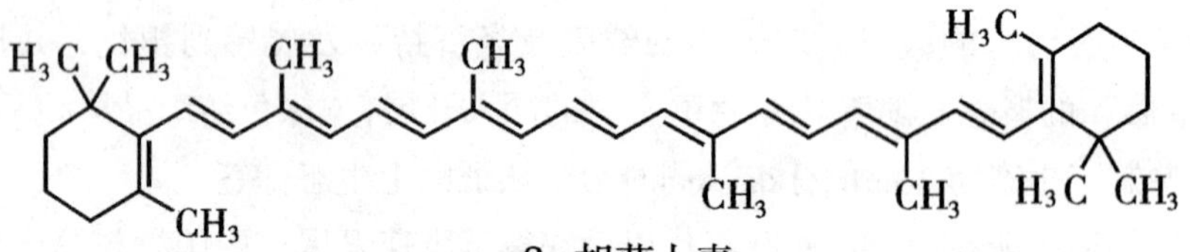

β-胡萝卜素

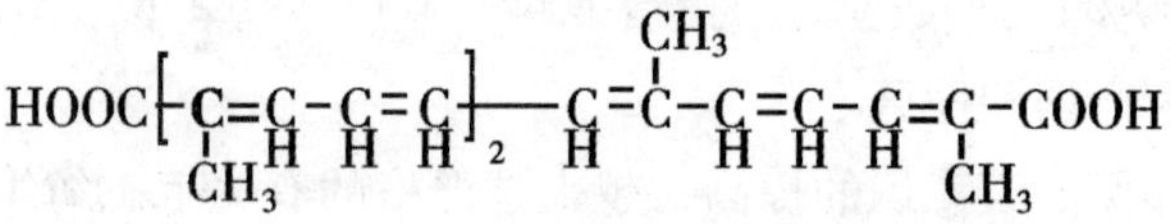

藏花酸

该类色素的颜色是由长链共轭多烯结构所致。由于在化学组成上主要是碳和氢，所以这类化合物在水中的溶解度小，易溶于油性溶剂中。

（2）蒽醌类化合物

该类色素为黄~红色调，存在于植物的根和动物体内，如大黄、茜草、虫漆和胭脂等。其结构中含有蒽醌母体，另有一定数量的羟基或羧基。蒽醌类色素是一类重要的天然色素，许多红色染料均含有蒽醌骨架结构。其特点是有较高的日晒牢度和形成金属络合物的能力。自然界中重要的蒽醌色素有印度茜、大黄素和日本茜等，其结构式如下。

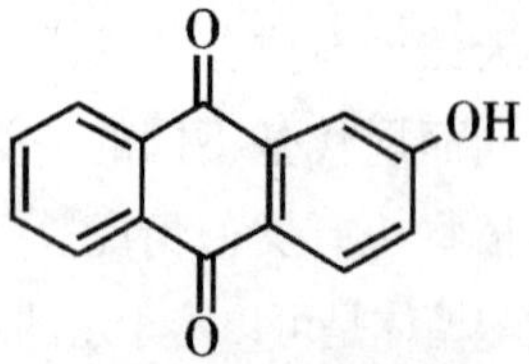

印度茜 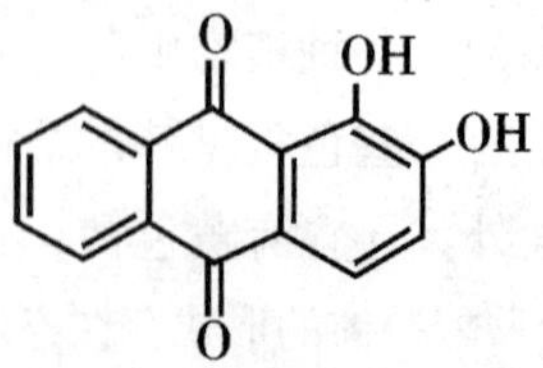　　　　　　　　　大黄素 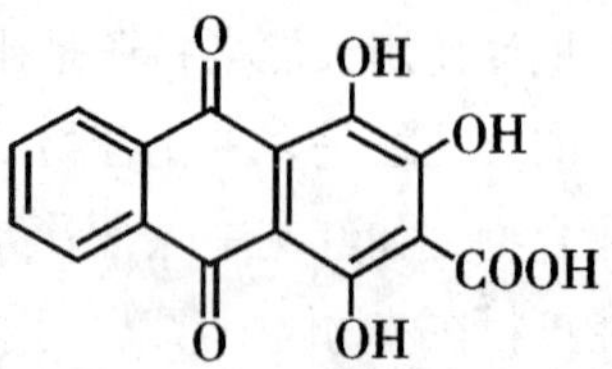　　　　　　　　　日本茜

（3）萘醌类化合物

这类天然染料主要是紫色，存在于紫草根中（或贝类体内）。自然界中存在的萘醌类色素多数是 α–萘醌。几种重要的萘醌类天然染料结构如下。

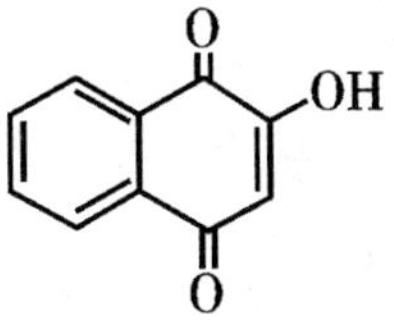

指甲花 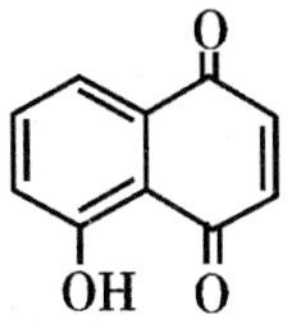　　　　胡桃醌 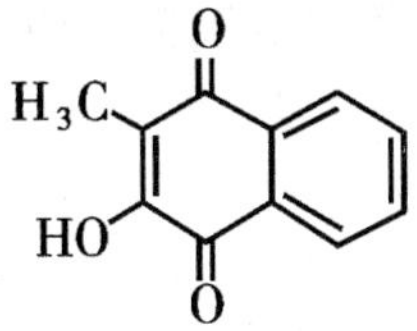　　　　结核萘醌 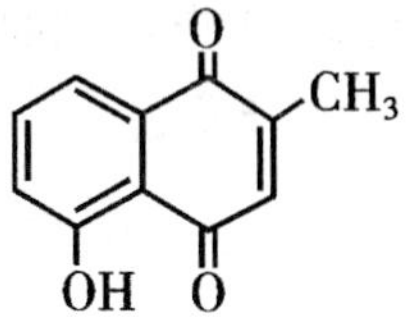　　　　白花丹素

（4）苯并吡喃类化合物

这类色素以红、紫、蓝色调为主，在自然界中分布广泛，存在于植物的花、叶及果中，色素具有水溶性。色素母体结构带正电荷，颜色随着介质的 pH 值而变化。具有代表性的有花葵素和花青素等，其结构式如下。

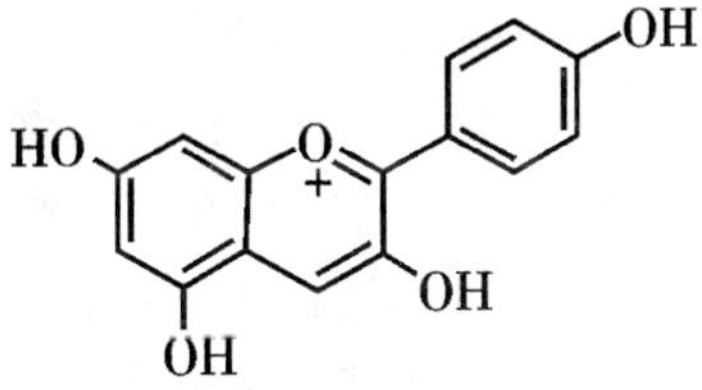

花葵素 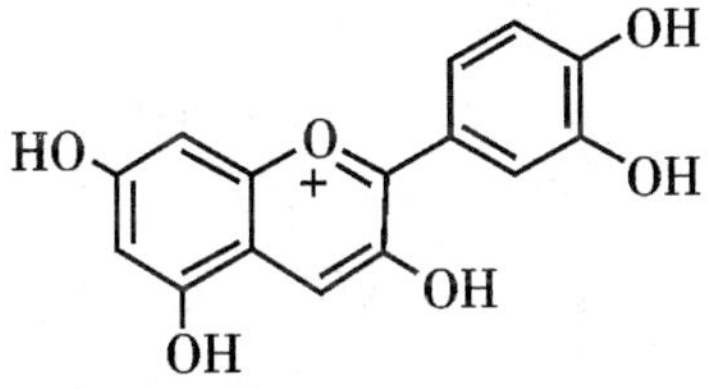　　　　　　　　　　花青素

（5）单宁类化合物

自然界中许多植物的果实、果皮、树皮等都含有这类化合物，其结构特点为多酚，由于羟基、羧基数目多，易与多价金属离子络合，与重金属离子络合后，主要为灰、深棕～黑色。几种单宁类天然染料结构式如下。

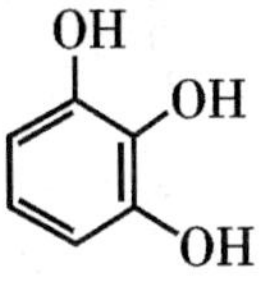

1,2,3–苯三酚 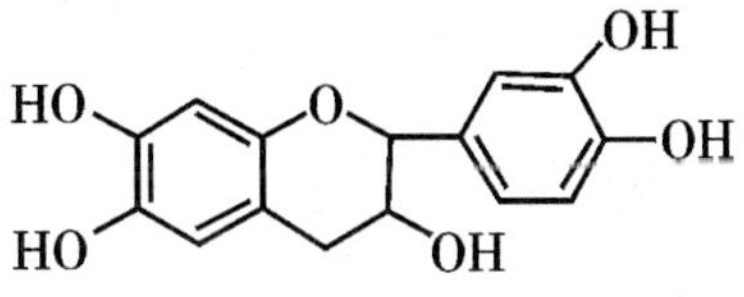　　　　　　儿萘酸

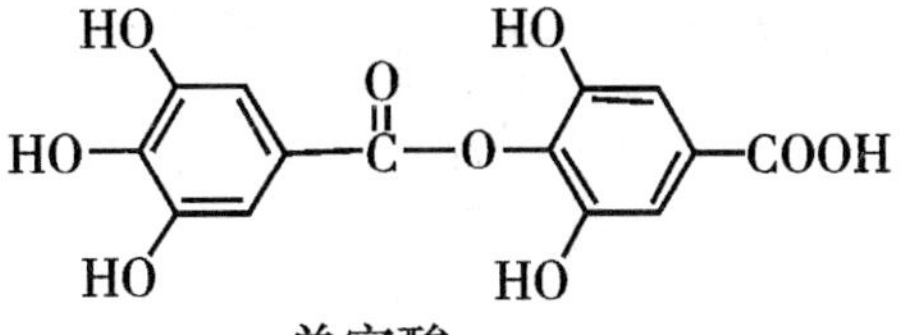

单宁酸

（6）生物碱类化合物

生物碱类天然染料是一类含氮的色素，以黄～紫色为主，大部分在植物细胞中以配糖体的形式存在，像黄檗、黄连等植物中含有这类色素，这类染料具有水溶性，如甜菜苷和小檗碱等，其结构式如下。

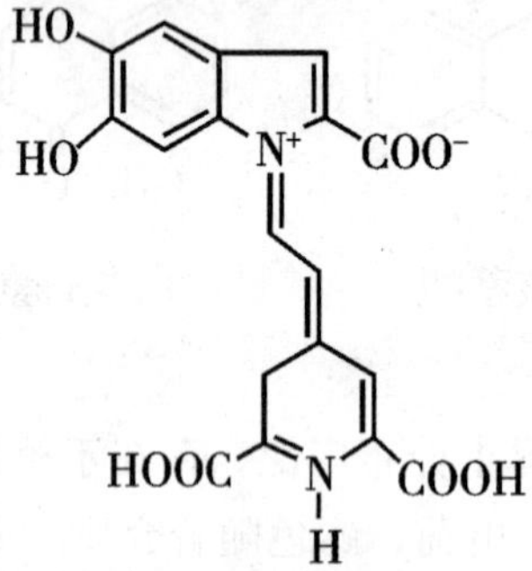

甜菜苷

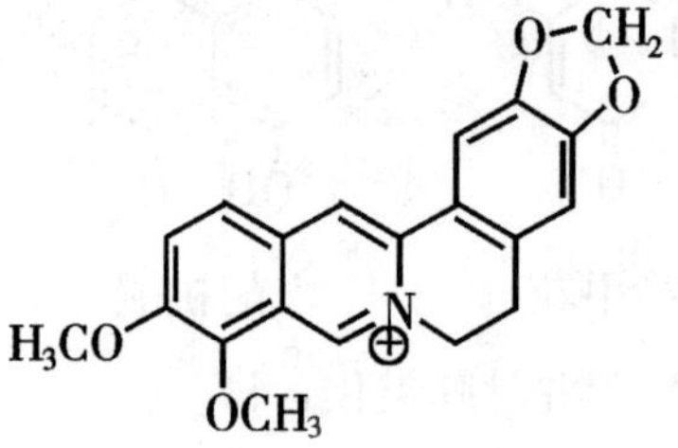

小檗碱

（7）黄酮类化合物

黄酮与异黄酮是植物色素中极其重要的种类，为多羟基化合物，以黄、红色调为主，在自然界中分布较广，这类色素在植物细胞中以配糖体存在，可溶于水。像杨梅、芦亭、黄芩、红花等含有这类色素，其基本骨架结构为 2－苯基色酮。黄酮类染料的各项牢度都比较好，在天然染料中占有极其重要的地位。重要的黄酮类色素有芹黄素、洋地黄素、槲皮黄酮等，其结构式如下。

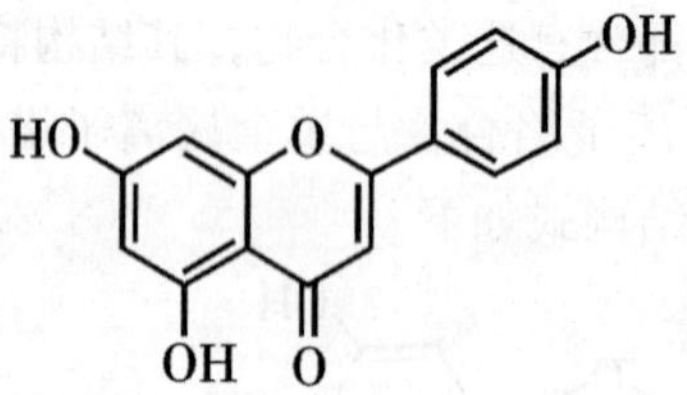

芹黄素

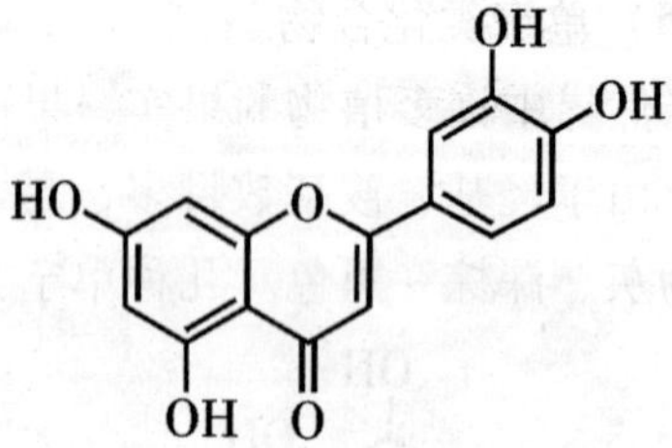

洋地黄素

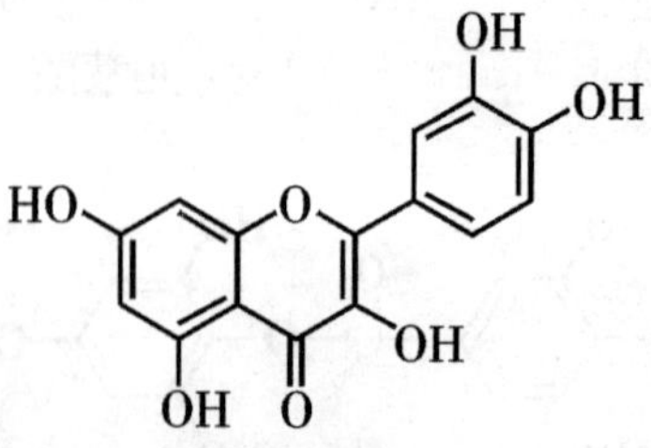

槲皮黄酮

（8）靛族色素

靛蓝是人类最早使用的天然染料之一。天然靛蓝主要是从蓝草（Indigofera Suffruticosa）的叶子中提取出来的，极其名贵的红紫色染料泰尔红紫（Tyrian Purple），即 6，6′-二溴靛蓝，在古代，只能从地中海等地产的一些贝类腺体的分泌物中提取到[11]。几种靛族天然染料的结构式如下。

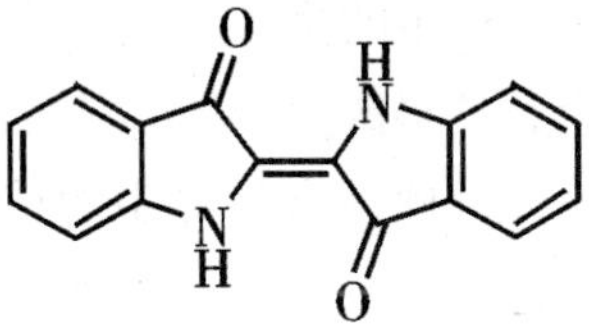

靛蓝 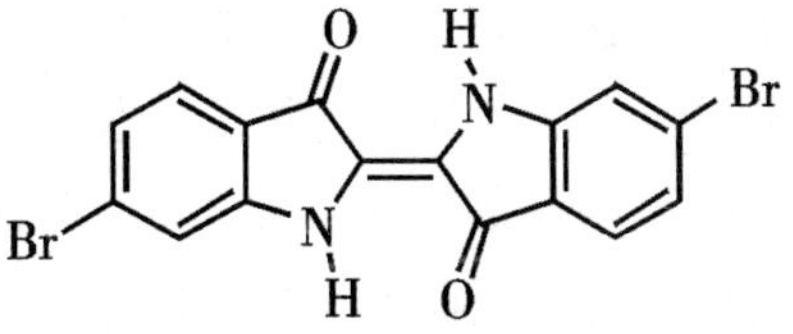　　　　　　　　　　　　　　6,6′-二溴靛蓝

1.3.2　天然染料在纺织品染色中的应用

天然染料具有生态平衡的特点，对健康无害，不污染环境，制造条件温和，为生物可再生资源，无三废处理问题，所以重新引起了染料界的关注。目前，印度、意大利和德国等国家的一些染料公司都在开发生产天然染料[12]。

天然染料主要用于染天然纤维，天然染料对丝和毛纤维的亲和力大于对棉、麻纤维的亲和力，一般情况下对纤维素纤维的上染率是很低的。虽然对蛋白质纤维的亲和力较大，但仍然比合成染料低得多。用杨梅苷染蚕丝时，55℃下测得的标准亲和力为 29368 kJ/mol，而合成染料酸性橙 Ⅱ 对蚕丝的标准亲和力为 48.07 kJ/mol。除了对纤维的亲和力较低外，染料的摩尔吸光系数也比较小。因此，若将纤维用天然染料染成一定深度的颜色，必须使用媒染剂或其他处理方法，以增加染料在纤维上的上染率。天然色素的分子中含有 $C=O$，$-OH$，$-COOH$ 等，能够与多价金属离子形成络合物，络合物中的金属离子能促进共轭体系中的 π 电子流动，可以产生深色效应。

1.3.3　天然染料的开发及研究进展

为了改善天然染料染色的重复性差及牢度低的缺点，日钟纺公司采取集中购入原料，经过提取、浓缩及适当的处理制成均一染料，然后与一定量的合成染料拼混，这样可以改善染色牢度及染色重复性。目前已开发出含有茜素、石芹及胡萝卜等植物色素的 80 多种不同颜色的商品染料，可用于棉、毛、丝及尼龙等纤维的染色，这些染料在棉织物上的水洗牢度为 4 级，耐晒牢度为 3 ~ 4 级，深受消费者的欢迎。除此之外，为提高天然染料在丝织物上的耐晒牢度，还可以在染浴中加入紫外线吸收剂和丝绸防泛黄剂。

提高天然染料的产量是工业化应用的首要问题。现在利用生物工程的方法人工培养植物细胞组织已在某些方面取得成功，用培养液已培育了花麒麟、紫根、茜草根等植物，经人工培育的植物组织中天然色素的含量比天然植物中的色素含量高。以紫根为例，细胞组织培养 23 日，干燥后原料中含有近 20% 的紫草宁，而天然生长的紫根干燥后仅含紫草宁 1%，而且需要 4 年的生长。由于生物培养的方法可以大大加快细胞组织的生长速度，这样天然染料的生产可以不依靠自然植物，可以大大提高产量。通过生物方法可以避免大量砍伐自然界中的植物，同时又可获得与自然生长植物相似的色素，这项研究正在向更多的植物种类发展。

（1）传统染色方式的改进

改进传统的染色方式或对纤维进行改性，可使天然染料的染色效果得到改善。有些天然染料在水中的溶解性小，染色时，为了达到一定的深度往往需要染几次。有关实验结果证明，对该类染料采用分散染法效果很好，分散法就是用阴离子或非离子表面活性剂，使染液中处于悬浊状态的色素颗粒得到分散，染液形成较为稳定的分散体系，染色时，织物和染料颗粒接触机会增多，染料被吸附的速度也大大加快，因而可以将染色时间和染料的浓度减小到最低限度，降低了染色成本。染料的水溶性越小，分散法染色效果就越明显。

最近，印度、斯里兰卡、孟加拉国等国家采用植物染料染色获得成功。例如，Jett S 等[13]用一种印度植物 neem 的叶子作为天然染料，对棉织物进行超声波染色。实验表明，棉织物在超声波染色条件下，用 neem 染料染色效果均匀，可赋予织物较好的上染率、日晒牢度和洗涤牢度。与染相同色泽的常规染色工艺相比，在超声波染色条件下染色，热能消耗少。因此，该染色工艺在技术和经济方面都是可行的。采用 neem 叶子染色，还可对织物作抗微生物处理，且织物强力保持不变。

近年来，世界各国尤其是欧美等发达国家陆续出台了相关的环保法规和纺织品环保标准，对进口纺织品实施严格的检测[14]。同时，国际纺织品服装市场对产品的绿色环保要求，人们消费意识中对绿色产品的要求也越来越高。因此，在纺织品生产的各个环节中，必须考虑到绿色问题，而其中的印染和后加工工序则是给环境和人体健康带来较严重危害的工序，所以在这些环节中加大绿色染料助剂的使用，努力设计和生产出节约能源、无公害、符合绿色环保要求的纺织产品，已经成为我们需要解决的重要课题。近来，天然染料（如栀子黄、辣椒红、番茄红等食品染料）市场又转旺，在某种程度上也体现了这种回归自然的趋势。

最近几年，在有关天然染料的应用研究方面，印度的染料与染色化学家们异常活跃，他们在天然染料的提取方法、染色应用条件等方面进行了大量的、艰苦的工作。科学家们的工作主要集中于用天然染料上染天然纤维。如用天然色素染毛[15-17]、丝绸[18,19]、棉纤维[20-24]等。总的来说，应用天然染料染色，染色工艺相对复杂，都需要使用媒染剂才能获得较高的上色率和较好的牢度，所染纤维的色调尽管可通过使用不同的媒染剂来调控，但是染色的重现性较差。

虽然天然染料的工业化应用还存在一些问题，目前还不能大规模地替代合成染料，但是天然染料正在重新引起人们的注意，有关的研究工作正在逐渐深入。随着人们不断采用新技术和研究内容的广泛化、深入化，天然染料中存在的一些问题是有可能解决的。开发天然染料虽然不能完全取代合成染料，但至少可以在天然纤维及尼龙的染色时取代或部分取代合成染料，减少合成染料的生产量，这对保护环境也是十分有益的。

可以预计，21世纪染料领域的竞争将主要围绕染料无毒无致癌，发色率和上色率高，颜色鲜艳和色牢度好，印染工艺简便的生态染料生产和应用。但目前生产和应用的天然染料存在一些缺点，如上色率低，色牢度差，有些色偏暗，种植效率低，成本高，应用工艺复杂等。如何保持天然染料"绿色"特点，并赋予良好的应用性能，已经成为新型染料开发的方向之一。

（2）天然染料染色及其局限性

随着合成染料中的部分品种被禁用，人们对天然染料的兴趣又浓厚起来。主要原因是大多数天然染料与生态环境的相容性好，可生物降解，而且无毒或毒性较低，生产这些染料的原料可以再生。而合成染料的原料是石油和煤炭，这些资源目前消耗很快。资源不能再生，开发天然染料有利于保护自然资源和生态环境。但是，目前对许多天然染料的化学结构还不十分清楚，提取的工艺也很落后。因此，研究和开发天然染料的提取与应用工艺很有必要，特别是综合利用植物的叶、花、果实及根茎，利用其他工业生产的废料来提取天然染料也很有现实意义。随着生物技术的发展，利用基因工程可望得到性能好、产量高的天然染料，作为合成染料的部分替代或补充是很有价值的，尤其是用天然染料开发一些高附加值的纺织品，更具有广阔的发展前景。

使用天然染料染色不仅可以减少染料对人体的危害，充分利用天然可再生资源，而且可以大大减少染色废水的毒性，有利于减少污水处理负担，保护环境。虽然天然染料具有广阔的应用前景，但是大规模地被应用于工业化生产还有许多问题要解决。由于大多数天然染料染色时，需要用重金属盐进行媒染，同样会产生很大的污水，并会使染色后的纺织品上含有重金属物质。

总之，天然染料在具有诸多优点的同时，也具有很多自身难以克服的缺点。其优点表现为：①源自天然物质，具备很好的生物相容性，可生物降解，一般对人体无毒害；②可赋予织物自然、和谐的颜色；③天然染料染色品的色调独特别致，不易重现，满足了人们追求个性化、多样化的需求；④天然色素在食品、医药和化妆品领域有独特优势。其局限性表现为：①色谱不全，染色过程烦琐，重现性差，拼色困难；②发色强度低，耐晒、耐洗牢度较低；③天然染料母体结构的亲和力较差，着色基团作用力微弱，只能用媒染法染丝、毛和棉纤维，媒染剂的使用引发污染问题；④较多的偶然性因素使工业化生产较难实现。

综上所述，天然染料并不是从根本上解决纺织品染色生态问题的途径，实现纺织品生态染色的最重要途径还是选择符合纺织生态学标准的染料进行染色。在天然染料的母体结构上，引入染色性能优异的着色基团，如高分子可交联基团，能与纤维发生共价键结合，这样可以解决仿生染料在固色率、色牢度和应用工艺上存在的问题[25]。

1.4　仿生染料

除天然色素以外，仿生染料（或颜料）也是今后新型染料研究与开发的热点。由于天然色素的直接应用存在较多的问题，所以更加可取的是人工合成具有生物色素功能的染料，也就是模仿生物色素的结构、分布和功能，进行仿生染色。事实上，许多合成染料具有与天然色素相似的结构，例如酞菁颜料或染料，它的基本发色体系和叶绿素很相似，和血红素也相近，只是中心金属原子和芳环结构不同。靛蓝安全无毒，是真正意义上的仿生科学产品。又如动物黑色素的基本结构和某些靛类染料及其中间体的基本结构很接近[26]。

生物中色素都有自己的特殊作用，这种作用往往并不是颜色，而是一些特殊功能。此外，生物色素可稳定地分布在生物体的组织中，既可以是固态，也可以是液态，它们和相邻的组成都有很好的相容性或相关性。有的是分子上直接连接了一些非色素组成，有的则是紧密吸附在相关组成上。这些特点对染料生产和染色加工具有重要的指导作用，模仿生物中色素的结构、分布和功能，进行仿生染色，将是一条新的生态染色途径。

仿生染料（或颜料）并不是简单模仿合成天然色素，而是在天然色素的基础上，开发新的一类生态染料。这可以通过分子设计来合成，也可以通过基因技术来生化合成，但不管采用哪条途径，应先弄清生物色素的形成、结构、分布和功能。

生物中的色素在生物中有很好的相容性，有的就是生物的基本组成。这种良好的相容性虽然是在生物进化过程中完成的，但对纺织纤维染色仍然具有重要的启示作用。虽然许多天然色素的染色性能差，例如存在亲和力低、耐光、牢度差等不足，但是也有不少生物色素具有比合成染料更高的牢度，例如动物的黑色素，它远比人工合成的各类染发色素牢度要好。

色素在生物中良好的相容性，表现在色素中除了发色体系外，还具有和周边组成可以充分结合的结构。色素以各种不同的结构，在生物中通过不同形式与生物体中不同组成结合，而不是简单地分散在生物体中，将这种结合原理应用于染色加工，就可大大改善染料的结合状态，甚至使一些无法染色的染料也能上染纤维。近年来研究的分散染料"增溶染色"就是基于这种设想而开发的。所谓增溶染色，就是利用一些助剂，不仅改善染料在溶液中的溶解和分散性能，而且改善染料在纤维表面及纤维内的吸附和分布，从而大大提高染料的上染速度、上染率和染色牢度，甚至使原本很难上染的染料也能够染色。

生物色素具有多种功能，有些功能我们还不清楚。研究生物色素的功能对开发多功能的纺织产品，具有很重要的启示作用。研究生物色素及其功能属于现代高新科技领域，在当前大力开发生态染整，研究生物色素的结构、分布和功能，是非常有必要的。

需要指出的是，仿生染料的研究目前还刚刚起步，而且将是一个长期而艰苦的过程。

从结构剖析、合成、性能测定筛选出优质价廉，生产工艺清洁简便的天然染料母体结构，引入染色性能优异的着色基团，是仿生染料的主要任务[25]。

1.5 交联染料的研究进展

活性染料可与纤维形成共价键，从而彻底解决了染料的湿处理牢度问题。但是，活性染料从生产、运输、存储到染色的各个环节，活性基的水解都难以避免，因此造成了活性染料的损失[27]。为了提高染料的利用率，人们采取了多种改进措施，如增加活性基的数目，提高活性基的反应活性，以及采用高亲和力的染料母体结构等，这些方法虽然不同程度地提高了活性染料的利用率，但仍然没有根本解决活性基的水解问题，即都无法实现染料的100%固色[28-31]。纤维改性法[32-34]是在纤维表面引入活性基团，虽然在一定程度上增加了纤维与活性染料的亲和性，提高了染料的利用率，但仍然没有根本解决活性基的水解问题。

交联染料的出现为具有高固色率与良好染色性能染料的开发提供了一条新思

路。交联染料分子中含有可交联基团，通过交联剂与纤维中的可交联基团形成共价键结合，既没有活性染料中活性基团水解问题，也没有纤维本身性能受到改变的问题，尤其在一个染料分子中引入多个可交联基团，渴望实现染料的100%固色。因此，含多交联基团交联染料为高固色率染料的研究和发展提供了广阔的前景。

交联染料已经有近40年的历史，已见报道的主要有Basazol交联染料[35]、Indosol交联染料[36]、氨烷基交联染料[37]等。在交联染料分子中，都含有能与交联剂的活性基反应的带有活泼氢的基团，如：$-NH$，$-OH$，$-NH_2$，$-SO_2NH_2$，$-NHCOCH_3$，$-NHCONH-$等。借助反应交联剂的作用，在染料、交联剂、纤维三者之间形成多种组合，可获得优良的染色性能，如图1.1所示。

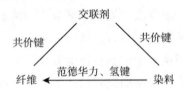

图1.1　交联染料与纤维、交联剂交联染色示意图

虽然已开发的交联染料有很多优良的染色性能，但各种交联染料存在各自的缺陷，如染色纤维色泽不鲜艳，难于实现100%固色等问题。造成这些缺陷的主要原因是染料结构中的可交联基团与发色母体之间距离较近，有些甚至是发色体共轭体系的一部分，因此在染色后，会对染料发色母体产生较为明显的影响。同时，发色体也会对可交联基团的活性产生较大的影响，从而影响染料在纤维上的固色率。

在此基础上，杨锦宗院士和张淑芬教授率先提出了"可交联高分子染料"的概念，即利用一些反应性高分子，如聚乙烯醇、聚烯丙基胺、聚烯胺等，在其结构中引入一部分染料母体，其余的活性基团用做可交联基团。采用这种方式，可以加大可交联基团与发色母体的距离，避免由于两者相互作用而引起的色泽变化，而且连接在同一高分子链上的染料母体，会因为一个可交联基团与纤维的交联反应而间接固色，从而极大地提高固色率。本书课题组最近的研究工作表明，采用这种方式，可实现99%以上的固色率[38]。

黄酮的基本母核是无色的，黄酮类天然染料为其多羟基的衍生物，但对纤维的亲和力小，而且摩尔消光系数也难以与合成染料相媲美。针对黄酮类天然染料的缺点，对其母体结构进行合成与修饰，可望提高其对纤维的亲和力和摩尔消光系数，继而引入可交联基团，通过交联染色，极大地提高其在纤维上的固色率，从而达到完善其各方面应用性能的目的，有望为高固色率生态染料的研究与开发奠定一定的基础。

本章参考文献

［1］ Hunger K. Industrial dyes：Chemistry, properties, applications ［M］. Weinheim：WILEY－VCH Verlag GmbH & Co. KgaA，2003：1.

［2］ 陈荣圻，王建平. 禁用染料及其代用 ［M］. 北京：中国纺织出版社，1998：29.

［3］ Hunger K. Industrial dyes：Chemistry, properties, applications ⌊M⌋. Weinheim：WILEY－VCH Verlag GmbH & Co. KgaA，2003：632.

［4］ 王建平，李云兰. 2003 版 Oeko－Tex 标准 100 和 2002 版 Eco－Label 标签标准 ［J］. 印染，2003，29 （8）：39－42.

［5］ Philip K. The furture of west dyestuff manufacture ［J］. J. Soc. Dyers Col.，1998，114 （2）：35－37.

［6］ 张淑芬，杨锦宗. 生态纺织染料及染整工艺近期进展 ［J］. 染料与染色，2005，42 （1）：15－19.

［7］ 王吉华，崔俊巧. 天然染料的应用及其研究进展 ［J］. 染料工业，1995，32 （5）：14－19，32.

［8］ Sekar N. Natural colorants－an introduction ［J］. Colourage，1999，46 （7）：57－60.

［9］ Teil M D, Paul R, Pardeshi P D. Natural dyes：Classification, chemistry and extraction methods. Part I：Chemical classes, extraction methods and future prospects ［J］. Colourage，2000，47 （12）：43－48.

［10］ Teil M D, Paul R, Pardeshi P D. Natural dyes：Classification, chemistry and extraction methods. Part II：Classification, environmental aspects and fastness properties ［J］. Colourage，2001，48 （4）：51－55.

［11］ Robin J˙H, Clark C J C, Marcus A M, et al. Indigo, Woad, and tyrian purple：Important vat dyes from antiquity to the present ［J］. Endeavor，1993，17 （4）：191－199.

［12］ Gulrajani M L. Natural dyes－part I：Present status of natural dyes ［J］.

Colourage, 1999, 46 (7): 19 – 28.

[13] Jett S, Yadav S S, Gaba G. Effect of mordanting method on dye absorption of natural dyes extracted from rein wardtia flowers and neem leaves [J]. Colourage, 2003, 50 (1): 27 – 30.

[14] 章杰. 纺织品"绿色壁垒"的新动向 [J]. 印染, 2004, 30 (12): 37 – 39.

[15] Khan M, Khan M A, Srivastava P K, et al. Natural dyeing on wool with Tesu (flame of the forrest), Dolu (Indian rhubarb) and Amltes (cassia fistula) [J]. Colourage, 2004, 51 (5): 33 – 38.

[16] Neetu S, Shahnaz J. Dyeing wool by a combination of natural dyes obtained from onion skin and kilmora roots [J]. Colourage, 2003, 50 (1): 43 – 44.

[17] Khan M A, Khan M, Srivastava P K. Extraction of lac red dye and ita application on wool [J]. Colourage, 2004, 51 (6): 27 – 30.

[18] Mondal S, Dutta C, Bhatta cherya S, et al. The effect of dyeing conditions on fastness properties of natural dyes on silk fibers [J]. Colourage, 2004, 51 (8): 33 – 36.

[19] Mathur M, Srivastava M. Natural dyes from parthenium histerophorus: A study [J]. Colourage, 2003, 50 (1): 45 – 48.

[20] Dhavamoorthi P M, Selven S B. Dyeing of cotton fabric by Aloevera (Natural colourant) [J]. Colourage, 2004, 51 (1): 31 – 34.

[21] Patel B H, Agarwal B J, Patel H M. Novel padding techniques for dyeing babool dye on cotton [J]. Colourage, 2003, 50 (1): 21 – 26.

[22] Sivakumar R, Jayaprakasam R, Wagle N P. Golden yellow dye from the flowers of Helicherysum bracteatum [J]. Colourage, 2003, 50 (4): 39 – 42.

[23] Samanta A K, Singhee D, Sethia M. Application of single and mixture of selected natural dyes on cotton fabric: A scientific approach [J]. Colourage, 2003, 50 (10): 29 – 42.

[24] Teli M D, Adivarekar R V, Pardeshi P D. Dyeing of pretreated cotton substrate with tea extract [J]. Colourage, 2002, 49 (10): 23 – 28.

[25] 张淑芬, 杨锦宗. 世界染料与染整工艺科技创新 [J]. 染料与染色, 2003, 40 (4): 185 – 188.

[26] 张伟敏, 吴湘济, 张承瑜. 环保型印染助剂及绿色加工技术 [J]. 国外纺

织技术，2004（8）：19 – 22.

[27] Lewis D M. Coloration in the next century [J]. Rev. Prog. Coloration, 1999 (29)：23 – 28.

[28] 杨锦宗. 活性染料与反应性染色 [J]. 大连理工大学学报, 1999, 39（2）：235 – 242.

[29] Yang J Z, Zollinger H. Investigation in textile chemisty, 57. Dyefiber bond stabilities of some reactive dyes on silk [J]. J. Soc. Dyers Col. , 1986, 102（1）：6 – 9.

[30] Lewis D M. New possibilities to improve cellulosic fibre dyeing process with fibre – reactive systems [J]. J. Soc. Dyers Col. , 1993, 109（11）：57 – 364.

[31] Lewis D M, Sen I. Coloration in 2000 A D [J]. Gakaish, 1997, 53（7）：213.

[32] Lewis D M, Lei X P. New methods for improving the dyeability of cellulose fibers with reactive dyes [J]. J. Soc. Dyers Col. , 1991, 107（3）：102 – 109.

[33] Lewis D M, Lei X P. Crosslinking dyeing [J]. AATCC international conference and exhibition. Atalants：Book of Papers, 1992：259.

[34] Yao J, Lewis D M. Covalent fixation of hydroxyethyl sulphone dye on cotton by the use of crosslinking agent via a pad – batch process [J]. J. Soc. Dyers Col. , 2000, 116（7 – 8）：198 – 203.

[35] Lutzel G. Dye fixation by means of polyfunctional crosslinking agents [J]. J. Soc. Dyers Col. , 1966, 82（8）：293 – 299.

[36] Egger W B, Kissling B, Robinson T. Economical durable cellulosics dyeings with reactant – fixable dyes [J]. Am. Dyest. Rep. , 1982, 71（9）：55 – 61.

[37] Lewis D M, Wang Y N, Lei X P. Level fast dyeing of wool with nucleophilic aminoalkyl dyes and croslinking agents. Part 1 – using a trifunctional crosslinking agent [J]. J. Soc. Dyers Col. , 1995, 111（1/2）：12 – 18.

[38] Tang B T, Zhang S F, Yang J Z, et al. Synthesis and dyeing performance of a novel yellow crosslinking polymeric dye [J]. Color. Technol. , 2004, 120（4）：180 – 183.

第 2 章　黄酮类化合物概述

黄酮类染料在天然染料中占有重要的地位，不仅在植物中分布广泛，而且其各项牢度相对都比较好，因此对黄酮类染料的研究也就更加引人注目。为了合成黄酮类染料，研究黄酮化合物的合成方法是其中至关重要的一个方面。

2.1　黄酮类化合物

黄酮类化合物（Flavonoids）又名生物黄酮类化合物（Bioflavonoids）。狭义上的黄酮类化合物主要指基本母核为 2 – 苯基色原酮（2-Phenyl-Chromone）的化合物，多呈黄色或者淡黄色，因此称为黄酮。色原酮、黄酮的结构式为

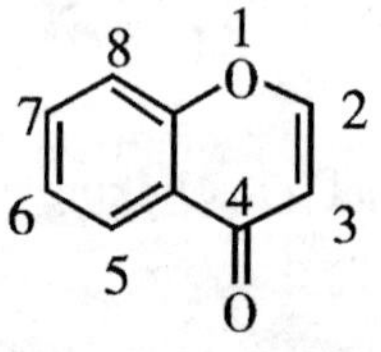

色原酮 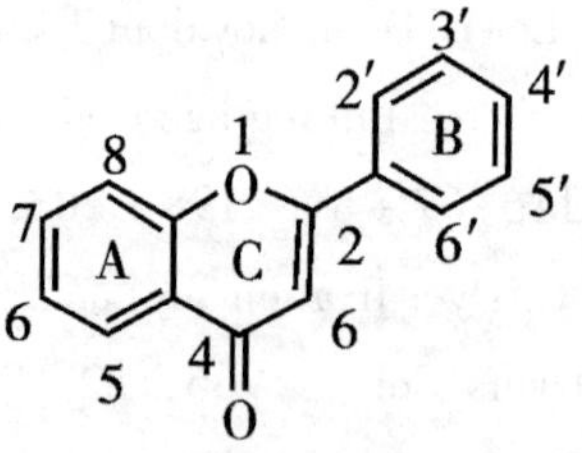　　　　　　　　　　　　黄　酮

现在黄酮类化合物泛指 2 个苯环（A 环与 B 环）通过 3 个碳原子相互联结而成的一系列化合物[1]。其基本碳架为

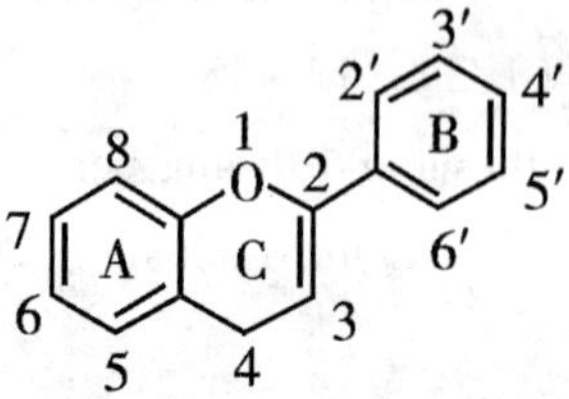

或

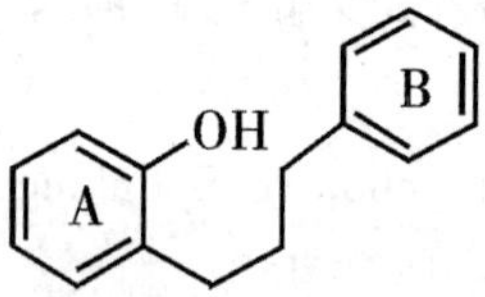

根据中央 3 碳链（C 部分）的成环、氧化和取代方式（B 环连接的位置）的差异，可以将天然黄酮类化合物按照结构分类，如表 2 – 1 所示。

表 2 - 1 黄酮类化合物的主要结构类型

名称	3 碳链部分结构	名称	3 碳链部分结构
黄酮类	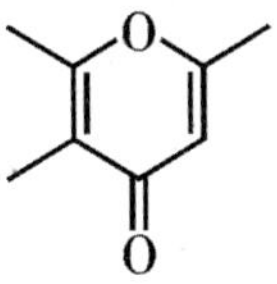	花色素类	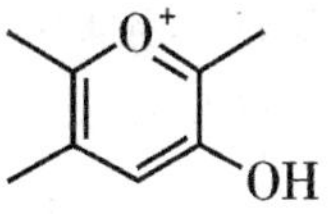
黄酮醇	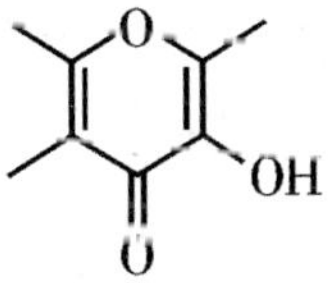	黄烷 - 3，4 - 二醇类	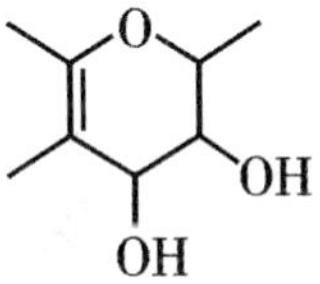
二氢黄酮类	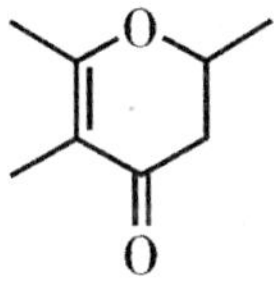	对苯吡酮类	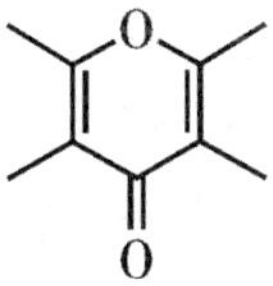
二氢黄酮醇	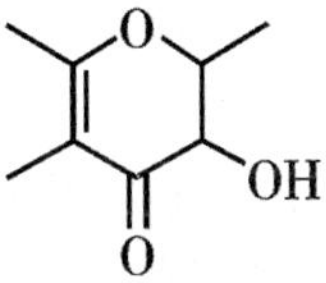	黄烷 - 3 - 醇类	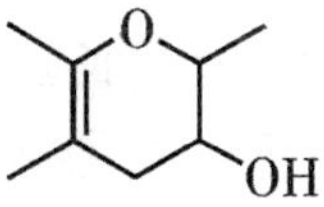
异黄酮	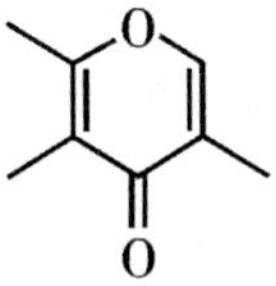	二氢查尔酮类	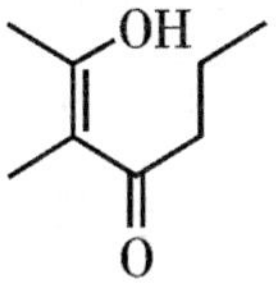
二氢异黄酮类	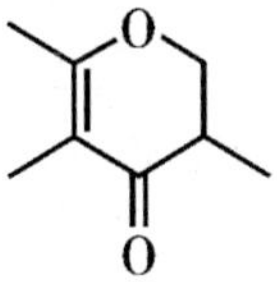	橙酮类	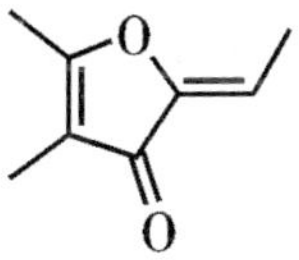
查尔酮类	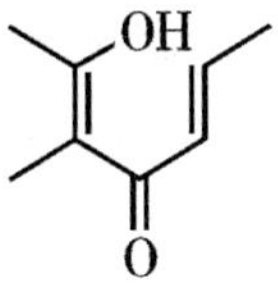	变异黄酮类	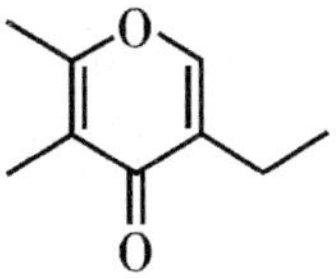

天然黄酮类多为上述基本母体的衍生物，常见的取代基有 – OH， – OCH₃ 和异戊烯基等。

黄酮类化合物是自然界中广泛存在的一类天然产物，多存在于高等植物体和羊齿类植物体中，常以游离态或糖苷形式存在，在花、叶、果实等组织中多为苷类，而在木质部组织中则多为游离的苷元[1]，并且由于糖的种类、数量、联结方式不同，可以组成各种各样的黄酮苷类。常见的成苷的糖有 D – 葡萄糖、D – 半乳糖、L – 鼠李糖、L – 阿拉伯糖、D – 木糖、D – 葡萄糖醛酸，或与这些糖组成的双糖或三糖等。其糖连接位置与苷元的结构类型有关，在 O – 苷中，常形成 3 – 单核苷、7 – 单核苷、3′ – 单核苷、4′ – 单糖苷或 3，7 – 二糖苷、3′，4′ – 二糖苷及 7，4′ – 二糖苷。在花色素苷类中，多在 3 – OH 上又形成一个糖苷，得到 3，5 – 二葡萄糖苷。在 O – 苷中，糖多连接在 C6 或 C8 上。除 O – 苷外，天然黄酮还发现有 C – 糖苷，例如 Vitexin。

黄酮类化合物多为晶性固体，少数为无定形粉末。

黄酮类化合物的颜色与分子中是否存在交叉共轭体系及助色团（ – OH，– OCH₃等）的类型、数目和取代基的位置有关。以黄酮来说，其色原酮部分原本无色，但在 2 位引入苯环后，即形成交叉共轭体系，并通过电子转移、重排，使共轭链延长，因而表现出颜色。

黄酮类化合物是一类广泛分布于植物界中的酚类物质，是极其重要的一类天然产物，许多黄酮化合物具有广泛的生理活性，例如抗肿瘤[2-4]、杀菌[5]和抗氧化[6,7]活性。因此，黄酮及其衍生物的合成方法学研究受到化学家的普遍重视。在此，本书介绍狭义上的黄酮，即 2 – 苯基色原酮衍生物的合成方法。

2.2　黄酮化合物的合成方法

合成黄酮化合物最经典的方法有两大类，均以邻羟基苯乙酮为原料。一种是经查耳酮氧化闭环（查耳酮路线）而成，另一种是经 β – 丙二酮酸化闭环（Baker-Venkataraman 重排）而成。近年来又发展了一些新的合成方法。

2.2.1　查耳酮路线

该法由邻羟基苯乙酮衍生物与苯甲醛衍生物在强碱条件下发生醇醛缩合反应得相应的查耳酮，后者经氧化闭环，可得到黄酮化合物。合成路线为

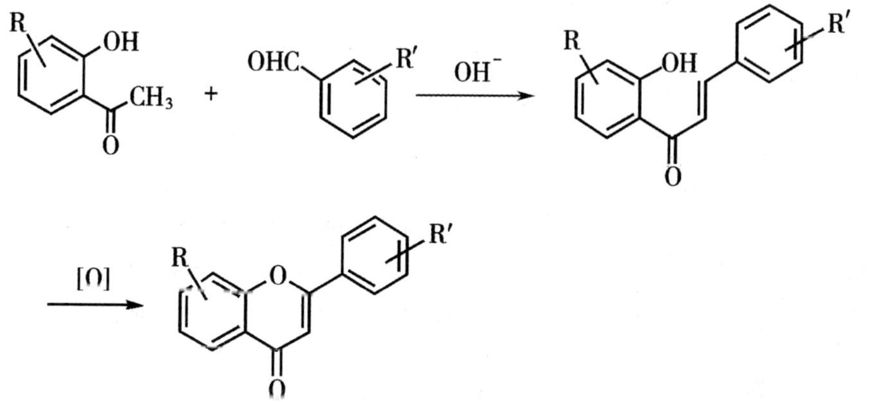

Mukta gupta 等[8]研究了新的闭环条件，查尔酮在 SeO$_2$-DMSO-SiO$_2$ 体系中，在微波作用下可闭环得到黄酮。即

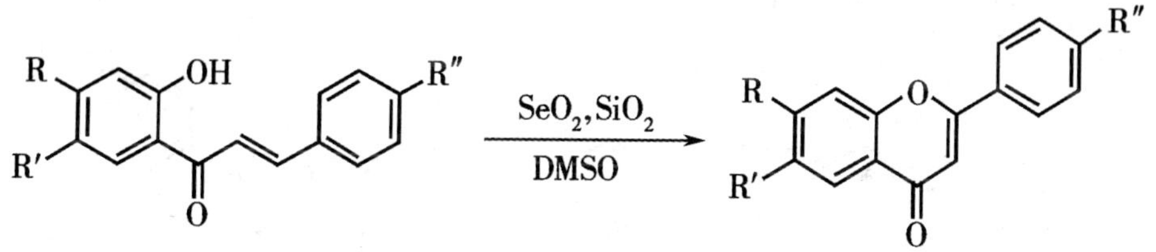

Ahmed 等[9]研究了硅胶吸附的 InBr$_3$ 和 InCl$_3$ 做催化剂，无溶剂法的闭环方法，这种方法操作简便，反应速率快。即

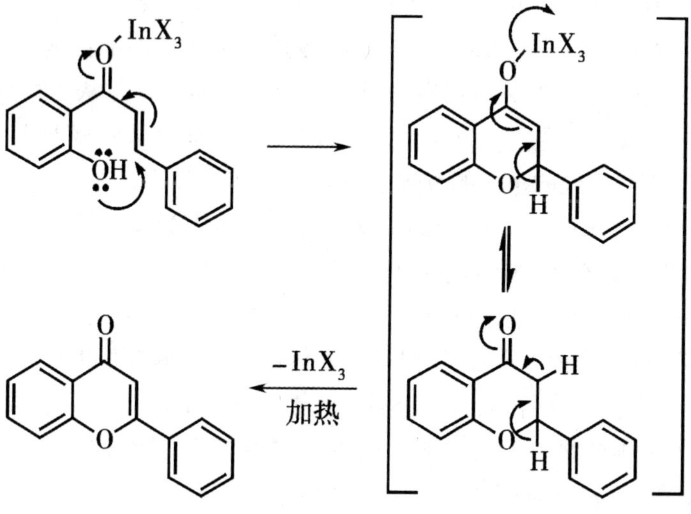

常用的氧化体系是 SeO$_2$/Me$_2$CHCH$_2$-CH$_2$OH[10]，DDQ[11] 和 I$_2$/DMSO/

H_2SO_4[12-15]。常用的氧化体系还有 SeO_2 - 正戊醇，Pd - C，SeO_2-DMSO，DDQ-dioxane，I_2-triethylene-glycol，DCC-methane，$NaIO_4$-DMSO 等。

2.2.2　Baker-Venkataraman 重排法

　　Baker-Venkataraman 重排法是一种被广泛采用的合成黄酮化合物的方法。在传统的方法中，一般是将 2 - 羟基苯乙酮与芳甲酰氯在吡啶作用下形成酯，所得酯再用碱处理发生分子内的克莱森缩合（即 Baker-Venkataraman 重排）反应，形成 β - 丙二酮化合物，再经酸催化闭环生成黄酮化合物[16,17]。合成路线为

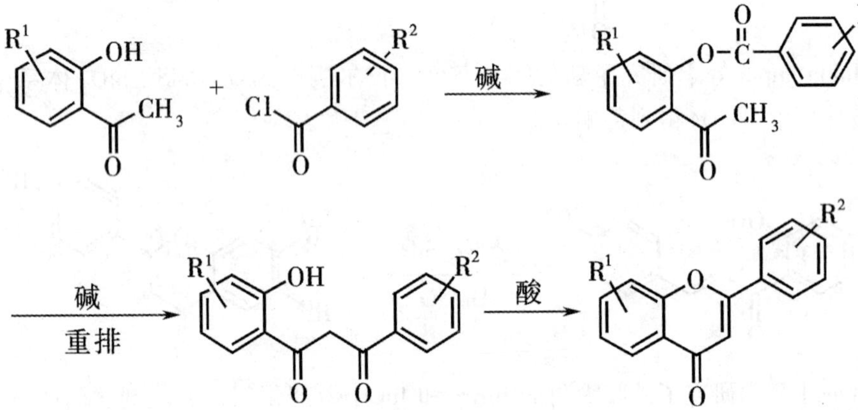

　　在分子内克莱森缩合步骤中，常用的为 KOH（或 NaOH）/C_5H_5N 体系，也可使用 NaOH/DMSO，NaH/DMSO 等代替 KOH/C_5H_5N 催化酯重排。

　　人们曾对 Baker-Venkataraman 重排进行改进，将邻羟基苯乙酮直接转化为 β - 丙二酮，如用碳酸钾[18]，应用有机锂试剂[19]和相转移催化法[20,21]等，使得酯化和重排两步反应一步进行。近年来，又出现了一些应用新的碱催化体系，如硅烷基保护基等方法实现的重要的改进方法。Ares 等[22]发现，在大量合成 5 - 甲氧基黄酮时，传统的 Baker-Venkataraman 法并不适用，因为在苯甲酰化和分子内克莱森缩合两步中，分别遇到收率低和产品分离复杂的困难。他们对 Baker-Venkataraman 法进行了改进，使酯化和重排两步反应能在同一锅内连续操作。首先将 2 - 羟基 - 6 - 甲氧基苯乙酮用 1.1 mol 倍量的叔丁醇钾处理成酚的钾盐，然后用苯甲酰氯酯化，直接再向该反应混合物中加入 1.1 mol 倍量的叔丁醇钾，回流过夜后，得重排产物 β - 丙二酮；最后在酸催化下，闭环得 5 - 甲氧基黄酮（70% ~75%），总收率为 46%。其合成路线为

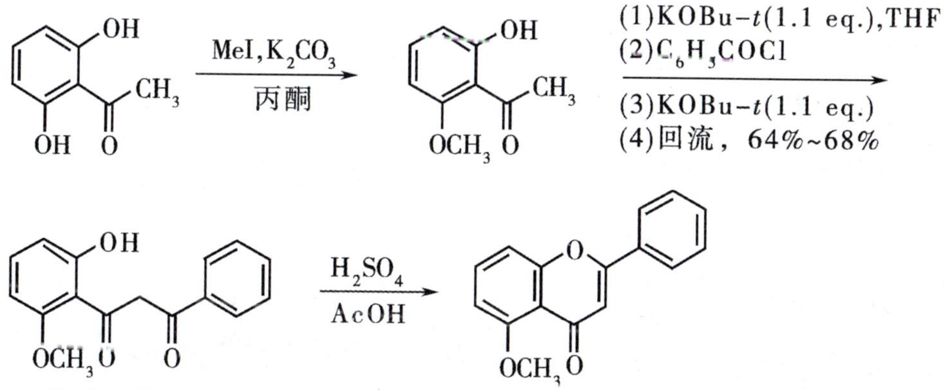

针对以往方法合成 A 环含羟基的黄酮的缺点，Cushman 等[23]报道了一种新的方法。其关键步骤是使用足量的六甲基二硅胺锂（LiHMDS）处理邻羟基苯乙酮，以保证乙酰基能够形成烯醇锂，然后用等摩尔的芳酰氯与上述多负离子反应得到 β - 丙二酮型化合物，最后在酸性条件下闭环得黄酮化合物。其合成路线为

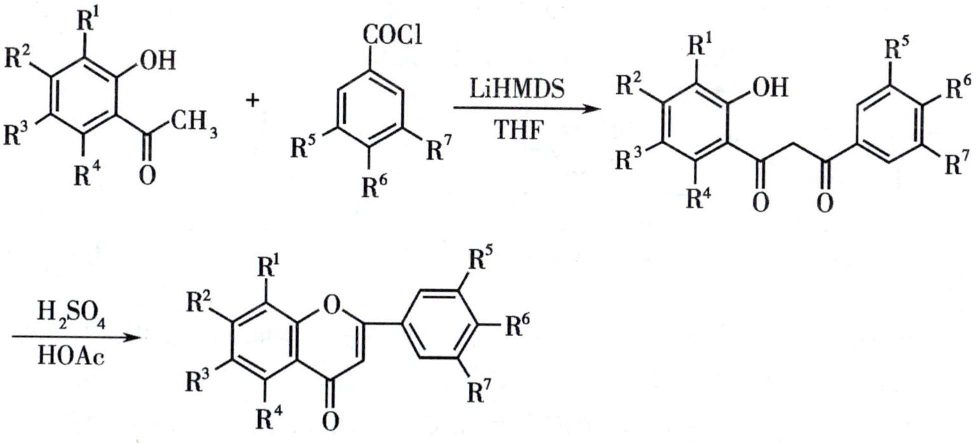

该方法路线短，避免了 O - 芳酰基化中间体的合成，收率高且无副产物，只是 LiHMDS 用量大。

Cushman 等[24]从水杨酸甲酯出发，成功地合成了黄酮化合物。该方法也经历了 β - 丙二酮中间体。首先用叔丁基二甲基氯硅烷（TBSCl）在 N，N - 二异丙基乙二胺（DIPEA）存在下定量保护羟基；然后与苯乙酮在 2 mol 六甲基二硅胺锂（LiHMDS）存在下缩合得 β - 丙二酮化合物，进而在酸性条件下脱去保护基闭环得黄酮。其合成路线为

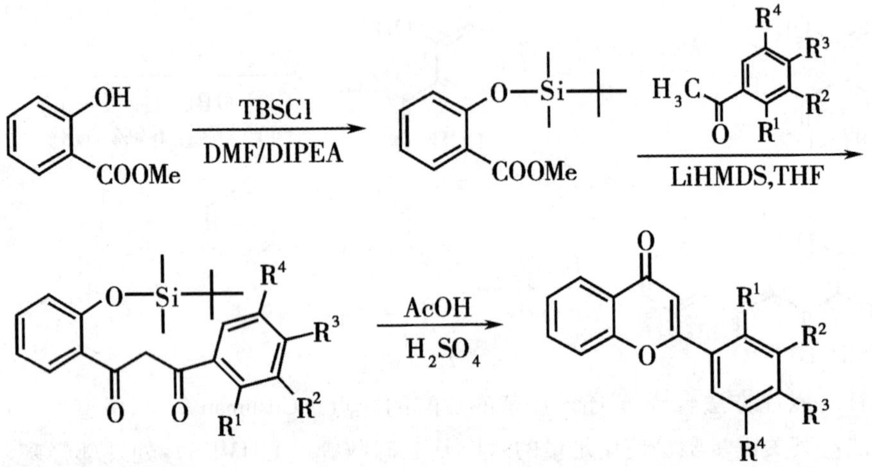

该方法对于合成 A 环或 B 环带有羟基的黄酮均适用，且收率很高。

Riva 等[25]利用 3 - 丙酰基水杨酸酯与芳酰氯或相应的酸酐在 2.1 ~ 3.0 mol 倍量的 DBU（1，8 - 二氮杂二环［5.4.0］十一烷 - 7 - 烯）存在下，一锅反应合成了 2，8 - 二取代的黄酮化合物。其合成路线为

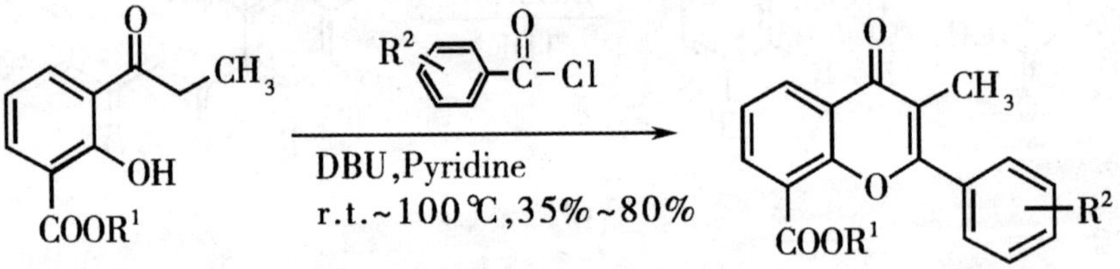

薄层色谱跟踪结果表明，反应经历了类似 Baker-Venkataraman 法的过程，即先酯化再重排，区别在于最后一步是在碱性条件下关环。

Bois 等[26]报道的 5 - 羟基黄酮的一步合成法尤其引人注目。他们首先将 2，6 - 二羟基苯乙酮用过量的碳酸钾在丙酮中处理 10 min，然后加入芳香族酰氯，将混合物搅拌回流 24 h，经处理后，用柱色谱分离出产物。其合成路线为

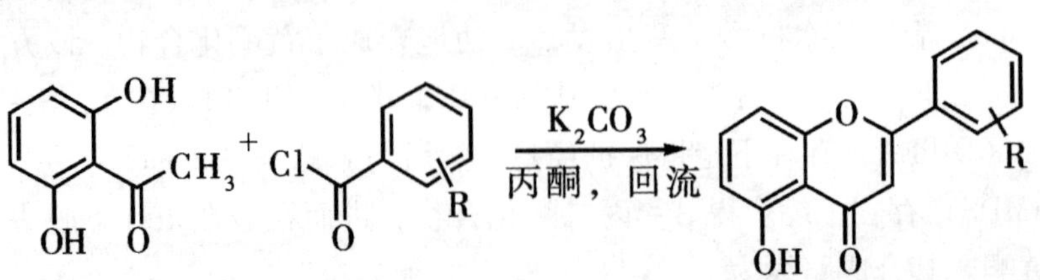

该方法使酯化、重排和环化一步完成，尽管产品收率较之用传统的 Baker-Venkataraman 法稍低，但该方法操作手续简洁且省时。值得注意的是，当所用的

2 - 羟基苯乙酮的 6 位无羟基或羟基被掩饰的时候，用上述方法处理则无黄酮生成，此时 β - 丙二酮是主产物。

Ganfuly 等[27]也报道了一步法合成 3 - 芳酰基黄酮的研究。在 DBU（1, 8 - 二氮杂二环［5, 4, 0］十一碳 - 7 - 烯）存在下，以吡啶做溶剂，加热至 80 ~ 90℃可以合成 3 - 芳酰基黄酮。其合成路线为

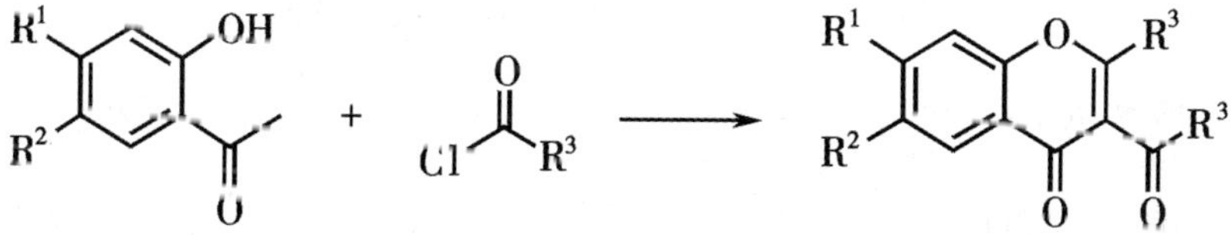

2.2.3 催化羰基化闭环法合成黄酮

这类方法的特点是在催化剂作用下，用一氧化碳和端基炔使邻卤代酚直接羰基化环合制备黄酮化合物。Kalinin 等[28]等报道了邻碘代酚与端基炔化合物在二级胺存在及钯催化下，用一氧化碳直接羰基化环合的方法合成黄酮化合物。用二级胺兼做溶剂和碱时效果最好。该方法虽然简单，但是容易产生副产物，而且需要在较高的压力下（约为 2 MPa）操作。黄酮与噢哢形成的机理[29,30]为

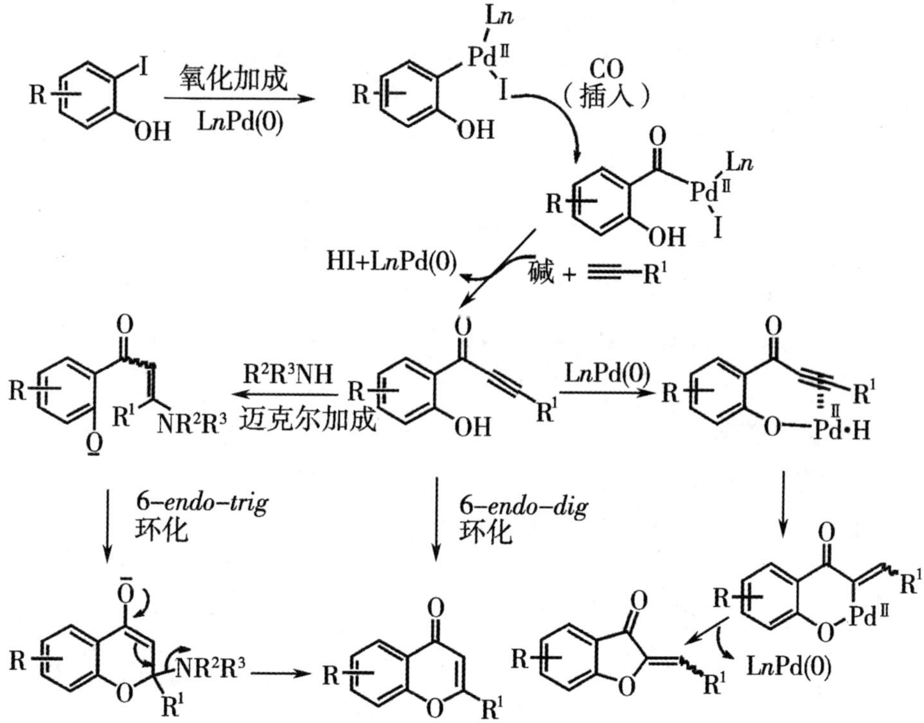

Miao 等[31]改用二（三苯基膦）二氯化钯 – 硫脲为催化剂，在气球压力的一氧化碳氛围下，进行邻碘代酚与端基炔的羰基化闭环反应，获得了较高的收率（50% ~70%）。但仍然伴有10% ~20% 的噢哢生成，而且即使长时间反应，也会有原料的剩余。当把酚羟基乙酰化后，获得了满意的结果。大量试验结果表明，二（三苯基膦）二氯化钯 – 硫脲 –1，3 – 二（二苯基膦基）丙烷（1:1:1）体系催化这类羰基化闭环反应效果最好，收率在70% ~92%。

2.2.4　用芳基丙炔酸合成黄酮

用该方法合成的黄酮化合物的羰基来自芳基丙炔酸组分。用芳基丙炔酸将酚酯化，所得酯经重排后，获得含有炔基的邻羟基苯乙酮结构的化合物，该类化合物可关环形成黄酮。Garcia 等[32]由苯基丙炔酸与酚酯化，所得的丙炔酸芳基酯经光化 Fries 重排得邻羟基芳基乙炔基酮，再经闭环形成黄酮。其合成路线为

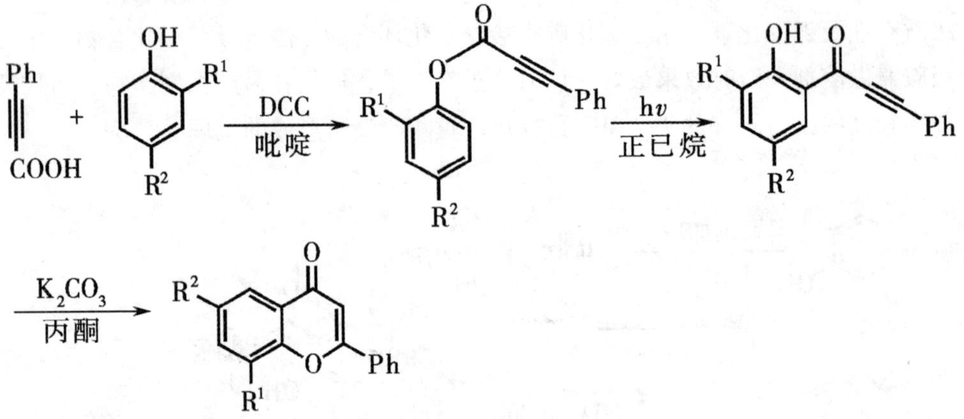

该路线闭环反应条件温和，但总收率低（10% ~25%）。所需的丙炔酸酚酯也可由苯基丙炔酸和酚类化合物在多聚磷酸（PPA）中于100℃下酯化而获得[33]。

Eaton 试剂曾被发现是比 PPA 更为优秀的分子内酰基化反应介质。Detty 等[34]发现，以 Eaton 试剂为介质，用烷基或芳基丙炔酸对酚进行酰基化，可顺利关环合成相应的色酮或黄酮。其合成路线为

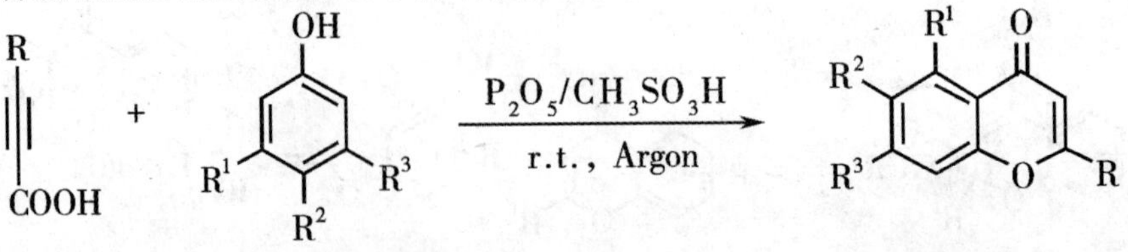

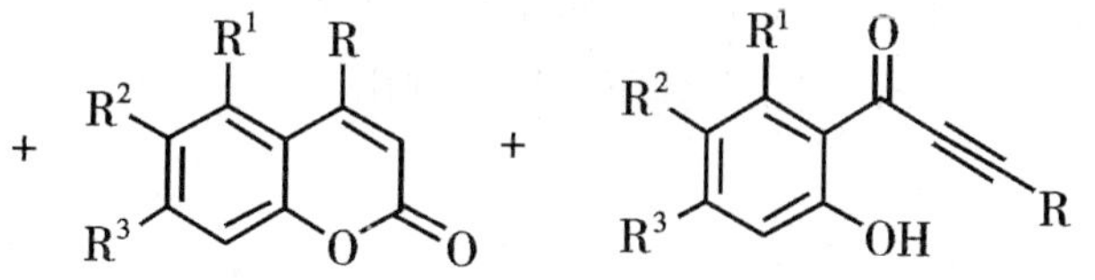

这种方法只有一步，且反应条件相当温和，但是往往伴有异构体香豆素和未环化的邻羟基芳基乙炔酮生成，收率不高。

2.2.5 组合化学法合成黄酮化合物库

组合化学合成法能同时产生许多种结构相关但有序变化的化合物，具有高效、微量、高度自动化的特点。应用组合化学法合成黄酮化合物库引起了化学家们的极大兴趣。

为了克服传统方法条件苛刻和操作繁杂的缺点，使合成操作能满足组合化学合成的要求，Brueggenmeier 等[35]以水杨酸为原料，经 TBS（叔丁基二甲基氯硅烷）保护后，与草酰氯作用，得到的酰氯不经分离直接与端基炔反应，然后再去掉羟基的 TBS 保护基，同时闭环得黄酮化合物。其合成路线为

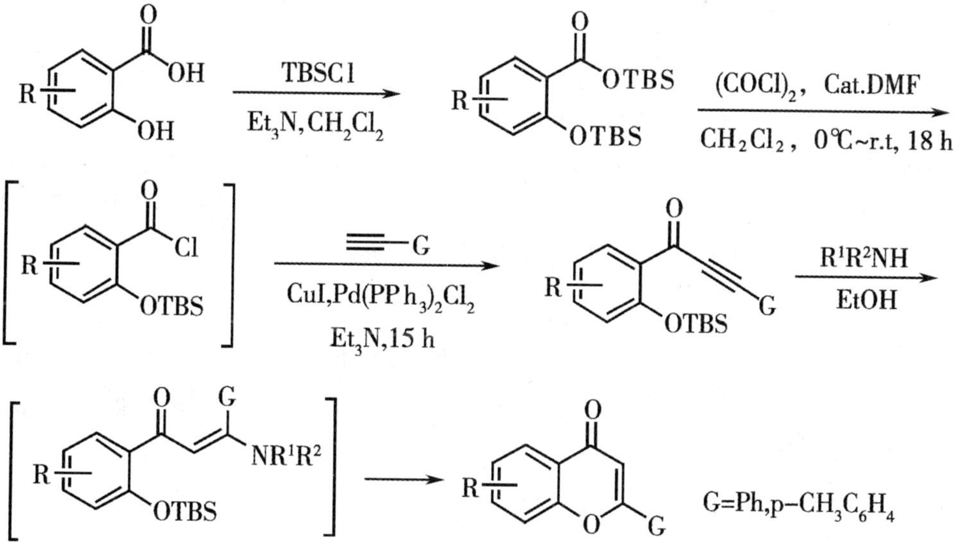

这种构建黄酮骨架的方法为利用组合化学手段合成黄酮类化合物库提供了可能。

Bhat 等[36]将液相法与树脂捕获技术相结合，合成了苯并吡喃酮类化合物库。其方法是将一个二级胺与固相载体相连形成固载化的二级胺 A，与炔烷基酮反应

产生固载化烯胺酮，通过简单的过滤即可除去过量的试剂及副产物。在树脂上环合裂解同时释放出产物及二级胺，固相载体可以回收并用于下一轮的合成中。其合成路线为

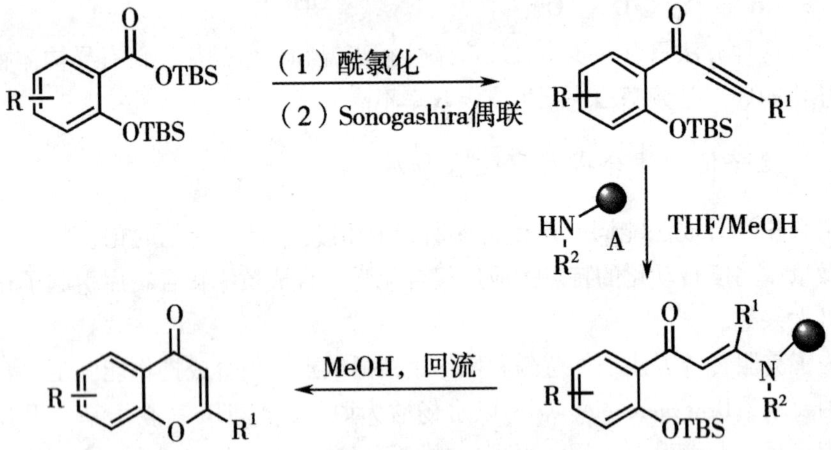

该方法适合于快速、平行、自动化合成苯并吡喃酮类化合物库。

2.2.6　其他方法

除了前面讨论的几种典型的合成方法外，近年来还出现了许多合成黄酮化合物的巧妙方法，虽然不能将这些方法简单归类，但每种方法都有其独到之处。2′-羟基查耳酮类化合物的碘催化闭环是合成含羟基黄酮的有效方法。Cavaleiro等[37,38]将2′-苄氧基-6′-羟基查耳酮在催化量碘作用下，于DMSO中回流，合成了5位取代的黄酮化合物。其合成路线为

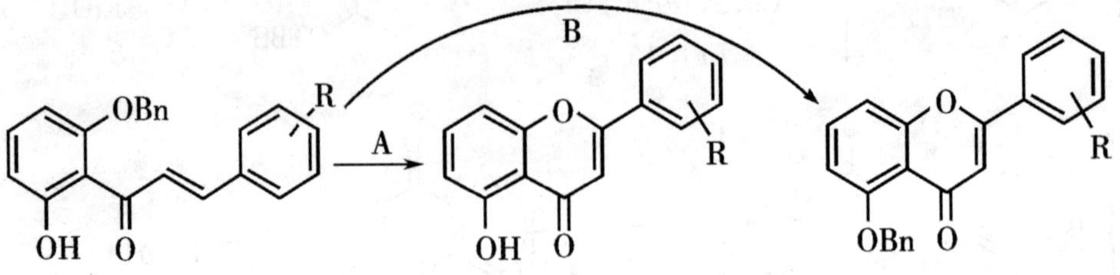

（A）DMSO/I₂（催化量），回流2 h
（B）DMSO/I₂（催化量），回流 30 min

值得注意的是，在该反应中，苄基的脱去与否，取决于反应时间的长短。脱苄基是由环合步骤中所产生的催化量的碘化氢所致，在碘化氢作用下，苄基脱去形成苄基碘，后者被DMSO氧化成苯甲醛，氧化过程中生成的碘化氢重新参与脱

苄基过程。该方法为通过调节反应时间来控制取代基提供了途径。

　　近年来，黏土催化的有机反应引起了人们的普遍关注，而微波加热方式由于其迅速、清洁的特点在有机合成中得到了广泛的应用。Varma 等[39]把这两者的优点结合起来，将 β - 丙二酮化合物吸附在蒙脱土上，用微波加热 1～1.5 min，实现了环化脱水步骤，以较高的收率合成了黄酮化合物。其合成路线为

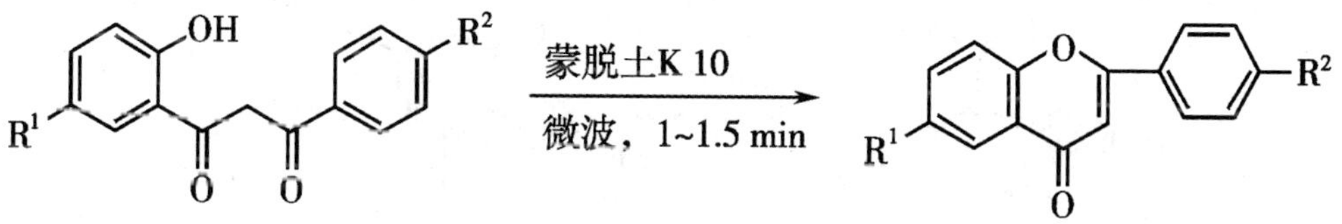

　　该方法反应条件温和，时间短，操作简单，收率较高，是一种非常有前景的方法。

　　Osorio-Olivares 等[40]在合成 5，7 - 二甲氧基 - 6 - 羟基黄酮过程中，采用了经由三苯基膦盐中间体，再酯化，闭环的方法。2，6 - 二甲氧基 - 1，4 - 二羟基苯先和氯乙酰氯发生付 - 克酰基化反应得到二酰基化物，再与三苯基膦作用得到氯化三苯基磷盐，将其于吡啶介质中苯甲酰化，所得苯甲酸酯再经 NaOMe/MeOH 处理得目标黄酮化合物。其合成路线为

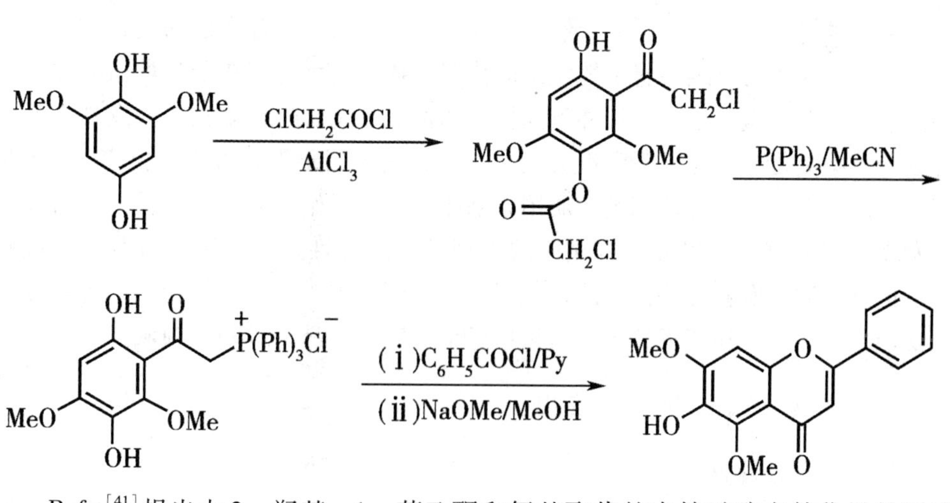

　　Refat[41]提出由 2 - 羟基 - 1 - 萘乙酮和氰基取代的肉桂酸酯在催化量的哌啶存在下反应生成相应的二氢萘黄酮，再经 DDQ 氧化脱氢制备出萘黄酮。反应的第一步是酚羟基对肉桂酸酯化合物的迈克尔加成。其合成路线为

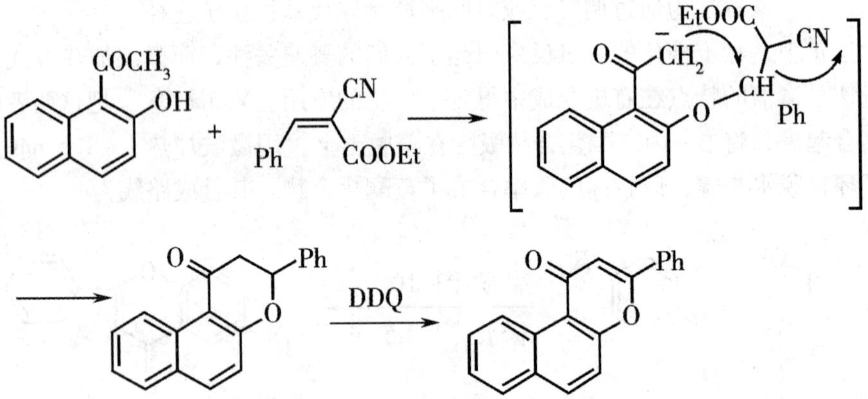

由以上介绍的合成方法可以看出，黄酮化合物的合成研究方兴未艾，有机合成的新方法、新技术在黄酮化合物合成方面的应用，是近年来黄酮化合物合成研究的发展趋势。对于较大规模的合成来说，改进的 Baker-Venkataraman 重排法仍然占有重要的地位。探索黄酮类化合物简洁而实用的合成方法，将其应用于染料化学中，渴望能为生态染料的创制开辟一条新路。

2.3 黄酮类化合物的应用

黄酮类物质是一类低分子天然植物成分，是自然界中存在的酚类物质，又称为生物黄酮或植物黄酮，属于植物次级代谢产物，广泛地存在于各种植物和大型真菌中。迄今为止，已有数百种不同类型的黄酮类化合物在植物中被发现，人工合成的黄酮类化合物也不断问世。最初这类物质仅用于染料方面，自 20 世纪 20 年代，槲皮素、芦丁等黄酮类物质用于临床后，才开始引起人们的关注，研究结果发现，其中相当一部分具有显著的生理及药理活性，例如具有抗氧化、抗病毒、抗炎、调节血管渗透性、改善记忆、抗抑郁、抗焦虑、中枢抑制和神经保护等功能，诸多生理和药理特性使其被广泛地应用于食品、医药等领域。

2.3.1 在食品添加剂中的应用

（1）天然甜味剂

黄酮类化合物中的二氢黄酮类化合物在适当的条件下转化成二氢查尔酮糖甙，则可显甜味。它作为非糖类甜味剂并非多见，但扩大了甜味剂新资源，其主要存在于芳香科柑橘类的幼果及果皮中。寻找完全无毒、低热量、口味好的天然保健性甜味剂，是当前植物资源利用的方向之一。

（2）天然抗氧化剂

黄酮类化合物的抗氧化作用，使其可以代替合成抗氧化剂，用于油脂的抗氧化中。它能通过血脑屏障，防止中枢神经系统的疾病。另外，黄酮的天然抗氧化特性能改善谷类、蛋糕、饼干以及传统的健康食品和膳食添加剂的市场潜能。可用于奶制品、方便面、糖果、冰淇淋及油炸小吃，以吸引消费者。

（3）天然风味增强剂

有些黄酮类化合物具有增强食品风味的作用。如柚皮苷虽然具有苦味，但用在饮料和高级糖果中，却具有增强风味的作用；柑橘汁中的橘皮苷是其特征的黄酮化合物，用其可以鉴别外观和风味类似柑橘汁的伪劣产品。

用从茶叶、竹叶中提取的黄酮类混合物配制成的可乐型饮料及口香糖，均具有一种天然的淡淡茶香和竹香，生津止渴，口感甚佳，具有明显的除口臭、去烟味、蒜味及口腔灭菌功效，且成本比一般可乐饮料及一般口香糖低。

（4）天然色素

黄酮类化合物多呈黄色，同时又具有很宽的溶解特性，既有水溶性的黄酮类化合物，又有脂溶性的黄酮类化合物，所以完全可以据食品加工的需要而选择合适的黄酮类化合物作为着色剂。因为其无毒性，在天然食用色素的研究方面，备受各国重视。目前已获准使用的主要有花青甙和查尔酮类。含花青甙的食用色素有杜鹃花科越橘红色素、锦葵科玫瑰茄红色素、葡萄科葡萄皮色素、忍冬科蓝锭果红色素、蔷薇科火棘红色素、唇形科紫苏色素，以查儿酮甙为主的有来自菊科的红花黄色素、菊花黄色素。

2.3.2　在功能食品中的应用

在近年来上市的保健产品中，很大一部分的主要功效成分都属于黄酮类化合物，涉及功能食品的许多方面，如防衰、防癌、提高免疫力、降脂、降压食品等，产品有液体、固体和半流体等形式，如银杏叶袋泡茶、苦荞速食粉、山楂叶冲剂、蜂胶胶囊、黄酮类口香糖、黄酮类牙膏、沙棘汁等，其中以蜂胶、银杏、山楂、沙棘、荞麦、柑橘皮、茶叶等黄酮类化合物加工品为最多，占黄酮类化合物功能食品的80%以上。

由于黄酮优越的生理功能特性，使其可以被广泛地应用于保健品中，特别是一些预防慢性疾病的老年保健品。黄酮含量在10%左右的产品主要应用于饮料、糕点、冷冻食品等，含量40%左右的产品适用于片剂等滋补型保健食品。

2.3.3　在药品中的应用

黄酮类化合物除了作为功能性食品的添加成分，还是重要的生物医药中间体。它的类雌激素作用使其具有明显的预防骨质疏松症的效果。日本市场上已有不少预防骨质疏松症的大豆异黄酮制品，如"丰年大豆异黄酮""SOYLIFETM"等。国外根据黄酮类的抗癌机制研制黄酮类抗癌原料药，还针对黄酮类的生理功能特点，研制对心血管疾病、肾脏病、糖尿病等慢性疾病的预防、治疗药物，并研究黄酮类的戒酒功效。

2.3.4　天然染料

黄酮类化合物在天然染料中占有重要的地位。在人们使用的天然染料中，有50%属于黄酮类结构，而且在黄色天然染料中，有90%都属于黄酮类结构[42]。

从 Kamala 中提取出来的黄色天然染料（天然染料橘黄2）在化学结构上属于黄酮类化合物，分布在印度、马来西亚等国家和地区。在植物的花和果实中，含量达到11%。从 Kamala 中提取出来的黄色天然染料主要成分是几种查尔酮[43]，结构为

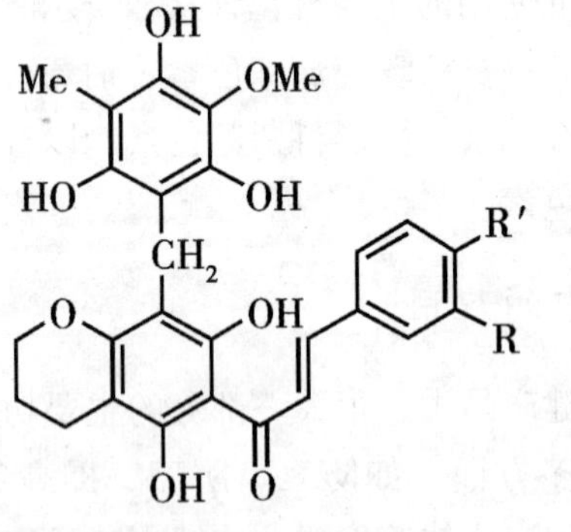

楸毒素：R = R′ = H

4 - 羟基楸毒素：R = OH，R′ = H

3，4 - 二羟基楸毒素：R = R′ = OH

染料的提取过程为：将粉碎的 Kamala 的果实在水中煮沸 45 min，提取物被过滤出来，准备应用于染色。用明矾媒染后，日晒牢度为 3 级。

Tesu 是另外一种天然染料，提取自一种叫做 Tesu 的树木的花朵，主要分布在印度和马来西亚。主要的化学成分为 Butin，即 3′，4′，7′ - 三羟基黄烷酮，在花中以配糖体的形式存在。染色过程中，在碱性条件下煮沸，Butin 转化为查尔

酮结构 Butein，即 2′，3，4，4′ - 四羟基查耳酮。Butein 的形成过程为

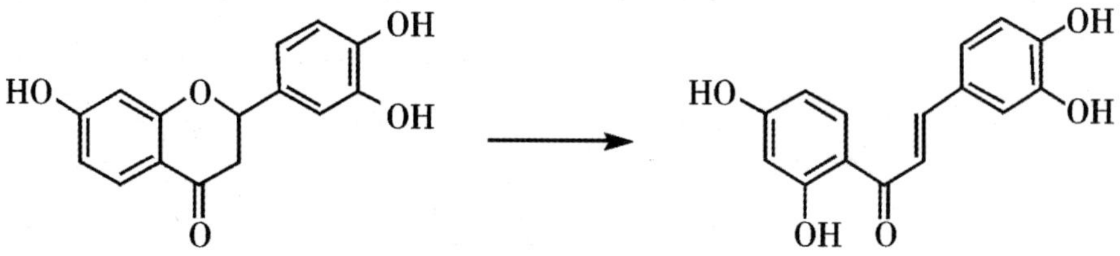

经过在水中煮沸提取、糖基水解后，可以得到 2% 的 Butein。

Fustic 也属于黄酮类天然染料。其化学成分为非瑟酮，在植物中以单宁酸配糖形式存在。非瑟酮 3，7，3′，4′ - 四羟基黄酮的熔点 330℃。去除单宁酸后，得到产品非瑟酮。可以用于羊毛、皮革染色。用金属铝媒染后，日晒牢度为 1 级，用金属锡媒染后，日晒牢度 1~2 级。

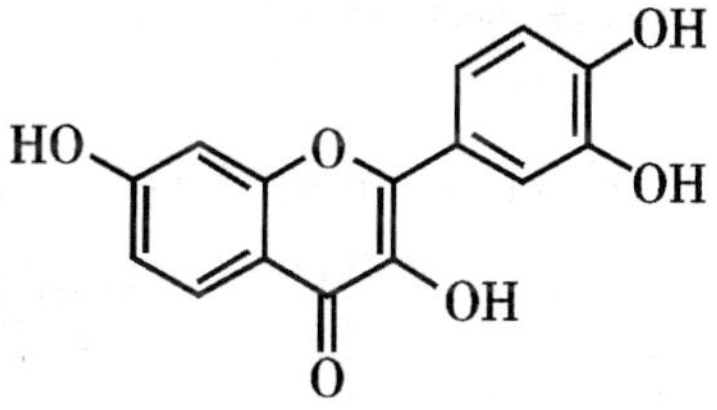

从蜡菊中提取的黄酮类天然染料染棉时，使用了几种不同的媒染剂，结果如表 2 - 2 所示[44]。

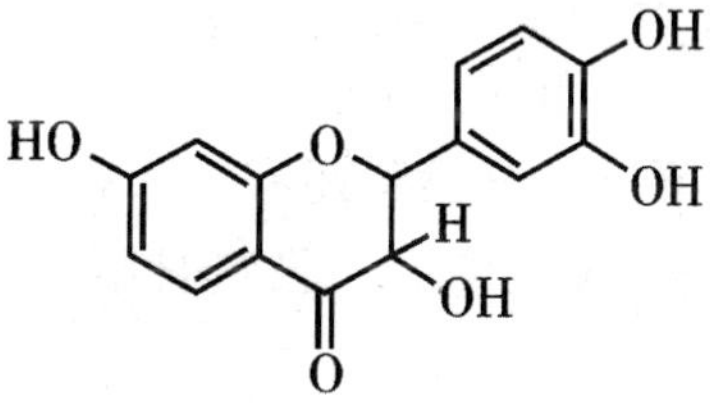

表 2 - 2　　　　　　　　　黄酮类天然染料对棉纤维染色

媒染剂	媒染方法	颜色	牢度			
			耐洗 40℃	日晒	摩擦	
					干	湿
氯化亚锡	前	淡黄	3~4	4	5	3
明矾	前	灰	3~4	4~5	5	4
硫酸亚铁	前	黑灰	4	4	5	3
氢氧化钙	前	橘黄	4~5	4	5	4

人们不仅使用天然染料对棉、毛等纤维染色，也用于合成纤维染色[45]。从洋葱皮中提取天然染料被用于对涤纶进行染色，在高温高压下进行，结果如表 2 - 3 所示[46]。

表 2 - 3　　　　　　　　　　　黄酮类天然染料对涤纶染色

媒染剂	K/S	日　晒	摩　擦	耐　洗
无媒染剂	4.88	2	3 ~ 4	4
明矾	4.82	2	4	4
硫酸铜	4.78	3 ~ 4	4	4
硫酸亚铁	3.47	3 ~ 4	4	4 ~ 5
氯化亚锡	4.78	2	3 ~ 4	4
单宁酸	4.28	2	3 ~ 4	4
Harda 粉	4.31	2	3 ~ 4	4
硫酸铝	4.26	2	4	4

从表 2 - 3 可以看出，黄酮类天然染料染色后，纤维日晒牢度较低，具有中等的耐摩擦和耐洗牢度。

黄酮类天然染料还有 Jackwood，Old fustic，Quercitron Tesu，Persian berries，Weld 等。黄色的天然染料日晒牢度都不超过 3 级，只有 Weld（Sn）为 4 ~ 5 级[47]。

黄酮类天然染料通常都是淡黄色或橙色。黄酮类发色体容易受到光的影响，发生光化学变化，可能会氧化为醌类结构，导致颜色从黄色变为暗褐色。除了发色体的原因，取代基的结构与位置对牢度也有影响。从 Weld，Sandalwood，Plumes 中提取的黄酮类天然染料牢度要高于从 Fustic，Quercitron，Persian Berries 和 Onion Skins 中提取的黄酮醇类天然染料，这是因为前者缺少在 3 位上的羟基。自然界中存在的黄酮类化合物大多属于多羟基酚类，经常利用这一性质做自由基捕捉剂，同时这也是它化学性质不稳定的一种体现。

Colombini[48] 对黄酮类天然染料上染纤维后褪色机理作了模型分析。根据对染料和染色纤维上的黄酮发色体的鉴定，在古老的染色纤维样品上，随着纤维的褪色，黄酮发色体的含量降低，而一些羟基苯甲酸被检测出来。褪色机理可能有两种：第一种是金属离子催化的自由基氧化分解，使 C2 - C3 和 C3 - C4 键断裂；第二种是在空气中的氧气和光共同作用下氧化分解，使 C2 - C3 和 C3 - C4 键断裂。

Cristea 等[49] 把天然染料 Weld 染色后的棉放入含有 1 g/L 的紫外线吸收剂和抗氧化剂的溶液中，70℃下吸附 30 min，希望能够提高染料的日晒牢度。结果发现，抗氧化剂五倍子酸和维他命 C 比紫外线吸收剂的效果要好。说明天然染料

Weld 染棉后，容易受可见光的影响而褪色。

黄酮类天然染料褪色模型如下。

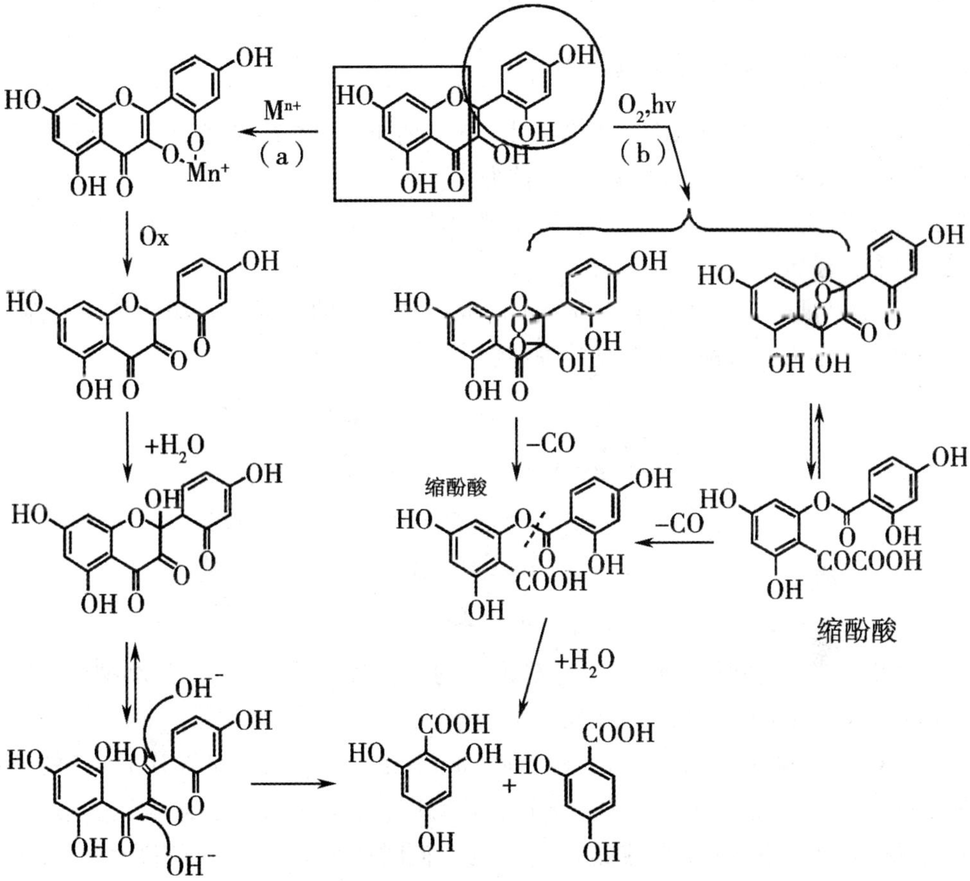

天然染料染色大都需要采用媒染的方法，按照工艺，可以分为染色前媒染、染色过程中媒染和染色后媒染 3 种。媒染剂主要是金属盐，例如明矾、重铬酸钾、硫酸亚铁、硫酸铜、二氯化锡、四氯化锡等，以及单宁或者单宁酸。由于媒染剂的使用，可能会改变染料的颜色，也可能导致环境的污染。

韩晓俊等[50]对媒染剂的作用进行了研究，结果发现，媒染剂的混合应用可以丰富天然染料的色相，提高颜色的明度、彩度；另外，在提高天然染料的上染率（媒染后上染率为 50% ~ 80%）和提高色牢度方面，也起到一定的作用；日晒牢度则有待进一步提高。

黄酮类天然染料的应用广泛，具有良好的生物相容性，对环境和人类健康不会造成危害，但是仍然有很多不足之处需要改进和提高。例如，摩尔消光系数较小，发色强度低；分子结构中含有多个羟基，一般用于天然纤维的染色，但是与纤维亲和力差，虽然使用媒染剂媒染，上染率仍然较低；很多黄酮化合物在可见光区无吸收；天然染料提取后纯度低，导致染色重复性差，这些不足都限制了其应用。

2.3.5　黄酮化合物的抗菌活性

黄酮类化合物具有很多的生理活性，大量的研究论文都对黄酮的生理活性进行了报道，如抗癌[51]、抗氧化[52]、抗炎[53]、抗动脉硬化[54]和抗菌[55,56]等。抗菌活性是黄酮类化合物的一项重要的生理活性，在植物体内的黄酮可以使植物免受微生物的侵害。

Suresh Babu 等[57]研究了 7 位上不同取代基修饰的黄酮化合物的抗菌活性，结果发现，绝大多数都有较好的抗菌活性。其结构式为

$$n=1,2,4$$

其中，当 $n=2$ 时，即含有 4 个碳原子的碳链时，活性最好。最小抑菌浓度可达到 6.25 μg/ml，与链霉素的抗菌活性相当。

Takahiko I 研究了从植物 Hyptisfaciculata 中提取的黄酮对细菌 H. Pylori 的抑制活性[58]。研究结果发现，黄酮分子中甲氧基的数量和位置会影响抗菌活性。具有两个相邻的甲氧基，特别是在 6，7 位，同时在 5 位和 4′位含有羟基的分子活性最高。Cirsilineol 的 IC_{90} 为 3.2 μg/ml，Cirsimaritin 的 IC_{90} 为 6.3 μg/ml。虽然没有给出最后的结构与活性关系，但是可以认为，甲氧基与分子的膜渗透性有重要的关系。

Hussain Z 研究了黄酮、4 - 硫杂黄酮、4 - 氮杂黄酮的抗菌活性[59]。分子中的取代基团有卤素、甲基、甲氧基、硝基。研究的细菌有 E. coli，B. Subtilis，S. flexnari，S. aureus，S. typhi 和 P. aeruginosa。大多数黄酮都具有抗菌活性，当分子 4 位的氧原子被硫原子或氮原子取代后，得到的 4 - 硫杂黄酮、4 - 氮杂黄酮的抗菌活性要高于相应的黄酮化合物。在 B 环的 4′位含有 F，OMe，NO_2 等取代基可以增加其抗菌活性。4′位取代基的电子效应对黄酮分子的活性影响最大。

Alam S 等[60]合成并研究了一些黄酮化合物的抗菌活性，研究的细菌包括

B. megaterium, S. β – haemolyticus, E. coli, K. sp. 。发现 7,3′ – 二羟基 – 4′ – 甲氧基黄酮和 4′ – 甲基黄酮对所有细菌都有很好的抑制作用，也有较低的最小抑菌浓度；2′,4′,3 – 三羟基 – 4 甲氧基查尔酮对除 E. coli 外的细菌有中等抑制作用；2′ – 羟基 – 4′,6′ – 二甲氧基 – 4 甲基查尔酮和 2′ – 羟基 – 2，4，5 – 三甲氧基查尔酮没有抗菌活性。

Hansch C 研究了分子极化率在构效关系中的作用[61]。分子的极化率是一项重要的物理性质，可以用分子中原子化合价总合（NVE）来表示。例如，H = 1，C = 4，N = 5，P = 5，O = 6，S = 6，卤素 = 7。构效关系可以用下式表示：

$$\log 1/C - a(NVE) + \text{constant}$$

黄酮类化合物叫以抑制小白鼠腹膜上巨噬细胞中的氧化作用，其构效关系如下式：

$$\log 1/C = 0.016(\pm 0.004)NVE \pm 3.06(\pm 0.40)$$

按照这个公式计算黄酮类化合物的活性，与实际实验结果进行比较，二者接近程度很大，如表 2 – 4 所示。

表 2 – 4　　　　　　　　　　理论预测活性与实验值比较

No.	X	Y	$\log 1/C$ (eq. 40)			NVE
			Obsd	Calcd	△	
1	H	H	4.28	4.35	– 0.06	82
2	4 – OH	H	4.47	4.44	0.03	88
3	5,7 – Di – OH	H	4.51	4.54	– 0.03	94
4	5 – OH – 7 – OCH$_3$	H	4.64	4.63	0.01	100
5	7 – OH	4′ – OH	4.85	4.54	0.32	94
6	H	4′ – Di – OH	4.64	4.54	0.1	94
7	7 – OH	3′,4′ – Di – OH	4.59	4.63	– 0.05	100
8	5 – OH	3′ – OH,4′ – OCH$_3$	4.96	4.91	0.05	118
9	5 – OH – 7 – OCH$_3$	3′,4′ – Di – OCH$_3$	4.96	5.01	– 0.05	124

在研究分子活性和设计分子结构时，可以根据这一理论判断出分子活性高低，作为分子设计的一种依据。

近些年来随着科学技术的不断发展，科学家对黄酮类物质的研究取得了丰富的成果，但对黄酮类物质生理活性作用机理及成果转化等有待于进一步的分析研究，特别是在动物体内的消化、吸收、转运、代谢、分布及排泄等方面。黄酮类物质具有的丰富生物活性功能的应用，在食品和药品行业的开发应用已经取得一定的成果，但这与黄酮类物质所具有的种类和丰富生物功能是不相配的，还要进行深入的研究。

本章参考文献

［1］侯冬岩. 天然产物有机化学［M］. 大连：大连理工大学出版社，1998：96.

［2］Wang H K, Xia Y, Yang Z Y, et al. Recent advances in the discovery and development of flavonoids and their analogues as antitumor and anti – HIV agents［J］. Adv. Exp. Med. Biol. , 1998（439）：191 – 225.

［3］Cushman M, Nagarathnam D. Cytotoxicities of some flavonoid analogues［J］. J. Nat. Prod. , 1991, 54（6）：1656 – 1660.

［4］Post J F, Varma R S. Growth inhibitory effects of bioflavonoids and related compounds on human leukemic CEM – C1 and CEM – C7 cells［J］. Cancer Lett. , 1992, 67（2 – 3）：207 – 213.

［5］Weidenborner M, Jha H C. Antifungal activity of flavonoids and their mixtures against different fungi occurring on grain［J］. Pestic. Sci. , 1993, 38（4）：347 – 351.

［6］Jovanovic S V, Steenken S, Tosic M, et al. Flavonoids as Antioxidants［J］. J. Am. Chem. Soc. , 1994, 116（11）：4846.

［7］Rice – Evans C A, Miller N J, Paganga G. Structure – antioxidant activity relationships of flavonoids and phenolic acids［J］. Free Radic. Biol. Med. , 1996, 20（7）：933 – 956.

［8］Gupta M, Paul S, Gupta R, et al. A rapid method for the cyclization of 2′ – hydroxychalcones into flavones［J］. Org. Prep. Proced. Int. , 2000, 32（3）：280 – 283.

［9］Naseem A, Hasart A, Johan E L. Silica gel supported InBr$_3$ and InCl$_3$：new catalysts for the facile and rapid oxidation of 20 – hydroxychalcones and flavanones to their corresponding flavones under solvent free conditions [J]. Tetrahedron Lett., 2005, 46 (2): 253 – 256.

[10] Iinuma M, Iwashima K, Matsuura S. Synthetic studies on flavone derivatives. XIV. synthetis of 2′, 4′, 5′ – trioxygenated flavones [J]. Chem. Pharm. Bull., 1984, 32 (12): 4935 – 4941.

[11] Hossain M A. Synthesis of genkwanin [J]. Indian. J. Chem., 1997, 36B (10): 927 – 928.

[12] 李庚新, 吕以仙, 刘俊义, 等. 黄酮类化合物研究: 用 $I_2/DMSO/H_2SO_4$ 系统由 2′ – 羟基查耳酮合成黄酮 [J]. 科学通报, 1985, 30 (12): 953 – 955.

[13] Cavaleiro J A S, Elguero J, Jimeno M L, et al. Synthesis of (E) – 2 – styrylchromones [J]. Chem. Letters., 1991, 30 (3): 445 – 446.

[14] Doshi A G, Soni P A, Ghiya B J. Oxidation of 2′ – hydroxychalcones [J]. Indian J. Chem., 1986 (25B): 759.

[15] Makrandi J K, Seema. A modified synthesis of 2 – styrylchromones [J]. Indian J. Chem., 1991, 30B (8): 788 – 789.

[16] Pernandes P S, Coutinho L. Synthesis of some new heterocycles from 4′ – aminoflavone [J]. J. Indian. Chem. Soc., 1983, 60 (9): 864 – 866.

[17] Ares J J, Outt P E, Randall J L, et al. Synthesis and biological evaluation of substituted flavones as gastroprotective agents [J]. J. Med. Chem., 1995, 38 (25): 4937 – 4943.

[18] Wu E S C, Cole T E, Davidson T A, et al. Flavones. 2. Synthesis and structure – activity relationship of flavodilol and its analogs. A novel class of antihypertensive agents with catecholamine depleting properties [J]. J. Med. Chem., 1989, 32 (1): 183 – 192.

[19] Banerjji A, Goomer N C. A new synthesis of flavones [J]. Synthesis, 1980: 874.

[20] Jain P X, Makrandi J K, Grover S K. A facile Baker – Venkataraman synthesis of flavones using phase trandfer catalyst [J]. Synthesis, 1982: 221 – 222.

[21] Saxena S, Makrandi J K, Grover S K. Synthesis of 5 – and/or 7 – hydroxyflavones using a modified phase transfer – catalysed Baker –

Venkataraman transformation [J]. Synthesis, 1985: 697.

[22] Ares J J, Outt P E, Kakodkar S U, et al. Convenient large – scale synthesis of 5 – methoxyflavone and its application to analog preparation [J]. J. Org. Chem. , 1993, 58 (27): 7903 – 7905.

[23] Cushman M, Nagarathnam D. A method for the facile synthesis of ring: A hydroxylated flavones [J]. Tetrahedron Lett. , 1990, 31 (45): 6497 – 6500.

[24] Nagarathnam D, Cushman M. A practical synthesis of flavones from methyl salicylate [J]. Tetrahedron, 1991, 47 (28): 5071 – 5076.

[25] Riva C, Toma C D, Donafel L, et al. New DBU (1, 8 – diazabicyclo [5. 4. 0] undec – 7 – ene) assisted one – pot synthesis of 2, 8 – disubstituted 4H – 1 – benzopyran – 4 – ones [J]. Synthesis, 1997: 195 – 201.

[26] Bois F, Beney C, Mariotte A M, et al. A one – step synthesis of 5 – hydroxyflavones [J]. Synlett. , 1999 (9): 1480 – 1482.

[27] Ganguly A K, Kaur S, Mahata P K, et al. Synthesis and properties of 3 – acyl – g – pyrones, a novel class of flavones and chromones [J]. Tetrahedron Lett. , 2005, 46 (23): 4119 – 4121.

[28] Kalinin V N, Shostakovsky M V, Ponomaryov A B. Palladium – catalyzed synthesis of flavones and chromones via carbonylative coupling of o – iodophenols with terminal acetylenes [J]. Tetrahedron Lett. , 1990, 31 (28): 4073 – 4076.

[29] Ciattini P G, Morera E, Ortar G, et al. Preparative and regiochemical aspects of the palladium – catalyzed carbonylative coupling of 2 – hydroxyaryl iodides with ethynylarenes [J]. Tetrahedron, 1991, 47 (32): 6449 – 6456.

[30] Arcadi A, Cacchi S, Carnicelli V, et al. 2 – substitued – 3 – acylindoles through the palladium – catalysed carbonylative cyclization of 2 – alkynyl tri fluoroacetanilides with aryl halides and vinyl triflates [J]. Tetrahedron, 1994, 50 (2): 437 – 452.

[31] Miao H, Yang Z. Regiospecific carbonylative annulation of iodophenol acetates and acetylenes to construct the flavones by a new catalyst of palladium – thiourea – dppp complex [J]. Org. Lett. , 2000, 2 (12): 1765 – 1768.

[32] Garcia H, Iborra S, Primo S. 6 – Endo – Dig vs. 5 – Exo – Dig ring closure in o

– hydroxyaryl phenylethynyl ketones. A new approach to the synthesis of flavones and aurones [J]. J. Org. Chem. , 1986, 51 (23): 4432 – 4436.

[33] Fozdar B I, Kham S A, Shamsuddin K M. A one – pot synthesis of flavones [J]. Chem. Ind. , 1986 (17): 586.

[34] McGarry L W, Detty M R. Synthesis of highly functionalized flavones and chromones using cycloacylation reactions and C – 3 functionalization: A totle synthesis of hormothamnione [J]. J. Org. Chem. , 1990, 55 (14): 4349 – 4356.

[35] Bhat A S, Whetstone J L, Brueggemeier R W. Novel synthetic routes suitable for constructing benzopyrone combinatorial libraries [J]. Tetrahedron Lett. , 1999, 40 (13): 2469 – 2472.

[36] Bhat A S, Whetstone J L, Brueggemeier R W A. Method for the rapid synthesis of benzopyrone libraries employing a resin capture strategy [J]. J. Comb. Chem. , 2000, 2 (6): 597 – 599.

[37] Silva A M S, Pinto D C G A, Cavaleiro J A S. 5 – Hydroxy – 2 – (phenyl or styryl) chromones: One – pot synthesis and C – 6, C – 8 ^{13}C NMR assignment [J]. Tetrahedron Lett. , 1994, 35 (32): 5899 – 5902.

[38] Pinto D C G A, Silva A M S, Cavaleiro J A S. Syntheses of 5 – hydroxy – 2 – (phenyl or styryl) chromones and of some halo derivatives [J]. J. Heterocycl. Chem. , 1996, 33 (6): 1887 – 1893.

[39] Varma R S, Saini R K, Kumar D. An expeditious synthesis of flavones on montmorillonite K 10 clay with microwaves [J]. J. Chem. Research (S), 1998: 348 – 349.

[40] Osorio – Olivares M, Cassels B K, Sepúlveda – Boza S, et al. A novel route to 5, 7 – dimethoxyl – 6 – hydroxyflavone [J]. Synth. Commun. , 1999, 29 (5): 815 – 819.

[41] Refat H M. Heterocyclic synthesis with nitriles: Synthesis of some new chromone and flavone and its utilization for the synthesis of potentially antitumorigenic polycyclic chromones and flavones [J]. Synth. Commun. , 1999, 29 (9): 1429 – 1436.

[42] Cristea D, Vilarem G. Improving light fastness of natural dyes on cotton yarn [J]. Dyes Pigm. , 2006, 70 (3): 238 – 245.

[43] Teli M D. Natural dyes: Classification, chemistry and extraction methods [J]. Colourage, 2000, 47 (12): 43 – 48.

[44] Sivarkumar R, Jayaprakasam R, Wagle N P. Golden yellow dye from the flowers of Helichrysum bracteatum [J]. Colourage, 2003, 50 (4): 39 – 40.

[45] Gupta D. Mechanism of dyeing synthetic fibers with natural dyes [J]. Colourage, 2000, 47 (3): 23 – 26.

[46] Lokhande H T, Dorugade V A, Naik S R. Application of natural dyes on polyester [J]. A. D. R., 1998, 87 (9): 40, 42, 44 – 46.

[47] Gupta D. Fastness properties of natural dyes [J]. Colourage, 1999, 46 (8): 41 – 45.

[48] Colombini M P, Andreotti A, Baraldi C, et al. Colour fading in textiles: A model study on the decomposition of natural dyes [J]. Microchem. J., 2007, 85 (1): 174 – 182.

[49] Cristea D, Vilarem G. Improving light fastness of natural dyes on cotton yarn [J]. Dyes Pigm., 2006, 70 (3): 238 – 245.

[50] 韩晓俊, 王越平, 覃丹. 媒染剂在天然染料对毛织物染色中的作用 [J]. 毛纺科技, 2007 (2): 14 – 17.

[51] Zheng X, Cao J G, Meng W D, et al. Synthesis and anticancer effect of B – ring trifluoromethylated flavonoids [J]. Bioorg. Med. Chem. Lett., 2003, 13 (20): 3423 – 3427.

[52] Nijveldt R J, Nood E, Hoorn D E C, et al. Flavonoids: A review of probable mechanisms of action and potential applications [J]. Am. J. Clinical Nutrition, 2001, 74 (4): 418 – 425.

[53] Furuta T, Kimura T, Kondo S, et al. Concise total synthesis of flavone C – glycoside having potent anti – inflammatory activity [J]. Tetrahedron, 2004, 60 (42): 9375 – 9379.

[54] Kris – Etherton P M, Lefevre M, Beecher G R, et al. Bioactive compounds in nutrition and health – research methodologies for establishing biological function: The antioxidant and anti – inflammatory effects of flavonoids on atherosclerosis [J]. Annu. Rev. Nutr., 2004 (24): 511 – 538.

[55] Goker H, Boykin D W, Yildiz S. Synthesis and potent antimicrobial activity of some novel 2 – phenyl or methyl – 4H – 1 – benzopyran – 4 – ones carrying

amidinobenzimidazoles [J]. Bioorg. Med. Chem., 2005, 13 (5): 1707 - 1714.

[56] Guz N R, Stermitz F R, Johnson J B, et al. Flavonolignan and flavone inhibitors of a staphylococcus aureus multidrug resistance pump: Structure - activity relationships [J]. J. Med. Chem., 2001, 44 (2): 261 - 268.

[57] Babu K S, Babu Y H, Srinivas P V, et al. Synthesis and biological evaluation of novel C (7) modified chrysin analogues as antibacterial agents [J]. Bioorg. Med. Chem. Lett., 2006, 16 (1): 221 - 224.

[58] Takahiko I, Matsumi D, Yoshiki M, et al. The anti - helicobacter pylori flavones in a brazilian plant, hypris fasciculate, and the activity of methoxyflavones [J]. Biol. Pharm. Bull., 2006, 29 (5): 1039 - 1041.

[59] Mughal U E, Ayaz M, Hussain Z, et al. Synthesis and antibacterial activity of substituted flavones, 4 - thinflavones and 4 - iminoflavones [J]. Bioorg. Med. Chem., 2006, 14 (14): 4704 - 4711.

[60] Mostahar S, Alam S, Islam A. Cytotoxic and antimicrobial activities of some synthetic flavones [J]. Indian J. Chem., 2006, 45B (6): 1478 - 1486.

[61] Rajeshwar P V, Alka K, Corwin H. On the role of polarizability in QSAR [J]. Bioorg. Med. Chem., 2005, 13 (1): 237 - 255.

第3章　黄酮类发色体的合成与应用研究

本章介绍查尔酮、黄酮、黄酮醇（3－羟基黄酮）等带有不同供电子基团的化合物的合成方法和目标化合物结构的表征。为了使黄酮类化合物有较大的最大吸收波长，与纤维有高的亲和力，同时水溶性较低，适合于作为分散染料染色应用，在黄酮类化合物分子结构中，引入了氨基、甲氧基、硝基、二甲氨基和羟基等取代基，在合成过程中，发现了一些新的合成方法。考察了部分黄酮化合物的染色性能和抗菌活性。另外，合成含有黄酮结构的可交联高分子染料，并用其对棉和丝绸进行了交联染色。在目标分子的合成过程中，主要采用易于操作的Baker-Venkataraman重排法和查尔酮氧化闭环法。

3.1　含有不同取代基的黄酮化合物的合成

3.1.1　6－氨基－7－羟基黄酮的合成及新方法的发现

许多黄酮化合物具有重要的生理活性，而其结构中A环具有羟基又常常是必需的[1,2]。一些带有氨基的黄酮化合物又可作为酶抑制剂[3]或具有抗肿瘤作用[4]。而A环同时带有羟基和氨基的黄酮化合物的合成又非常重要。因此，选择6－氨基－7－羟基黄酮为目标分子，并探索该类化合物的偶合反应。

（1）6－氨基－7－羟基黄酮的合成路线设计

A环带有氨基的黄酮化合物6－氨基－7－羟基黄酮的合成路线设计如下。

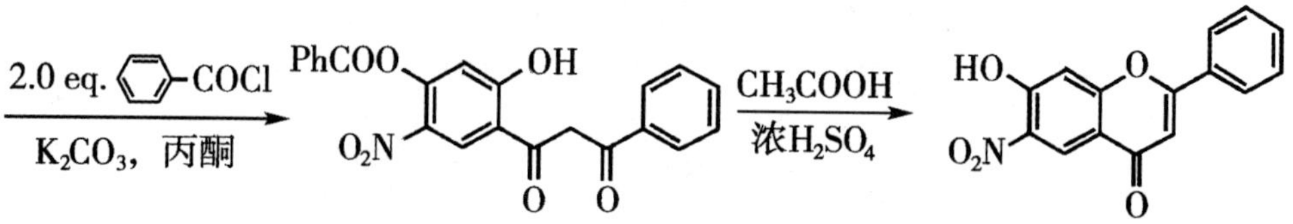

3-4　　　　　　　　　　　　　　　　　　3-5

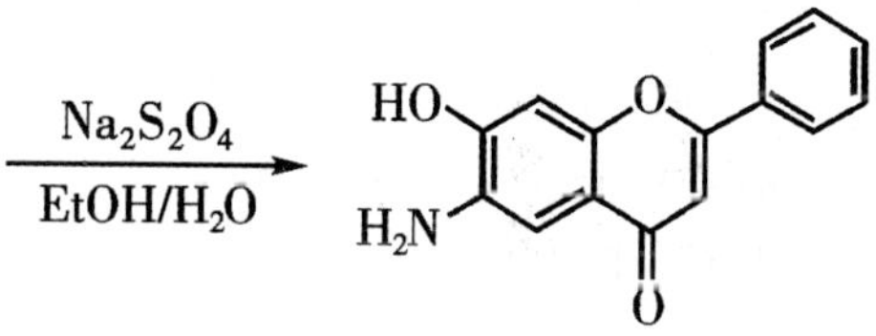

3-6

6－氨基－7－羟基黄酮为重氮组分的偶氮染料的合成设计如下。

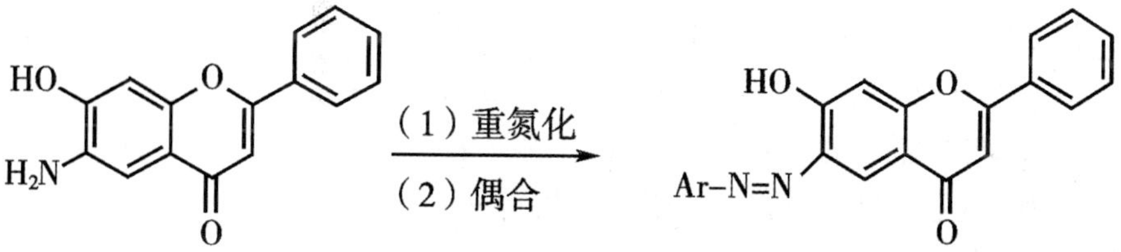

3-6　　　　　　　　　　　　　　　　　3-7

Ar=偶合组分

（2）中间体 2′，4′－二羟基苯乙酮的合成

由间苯二酚和乙酸合成 2′，4′－二羟基苯乙酮（3-2）属于付－克酰基化反应，参照文献方法合成[5]。合成反应式如下。

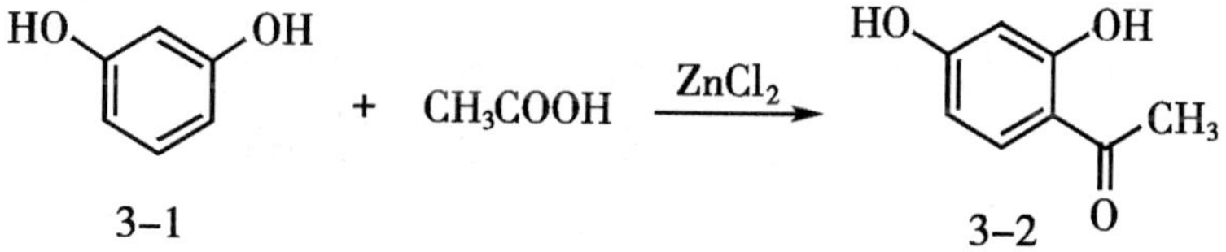

3-1　　　　　　　　　　　　　　　　　　3-2

（3）2′，4′－二羟基－5′－硝基苯乙酮的合成

向 7－羟基黄酮的 A 环引入硝基，可以有两种方法：一是以 2′，4′－二羟基苯乙酮为起始原料合成 7－羟基黄酮，再进行硝化；二是先将中间体 2′，4′－二羟基苯乙酮硝化，得到 2′，4′－二羟基－5′－硝基苯乙酮（3-3），以其为起始原料来合成 A 环含硝基的黄酮。但是第一种方法不仅产率很低，还会引入复杂的异构体而难以分离[6-8]。因此，设计了第二种方法所经历的合成路线。

参照 Cushman 等[8]的方法对化合物 3-2 进行硝化。反应式如下。

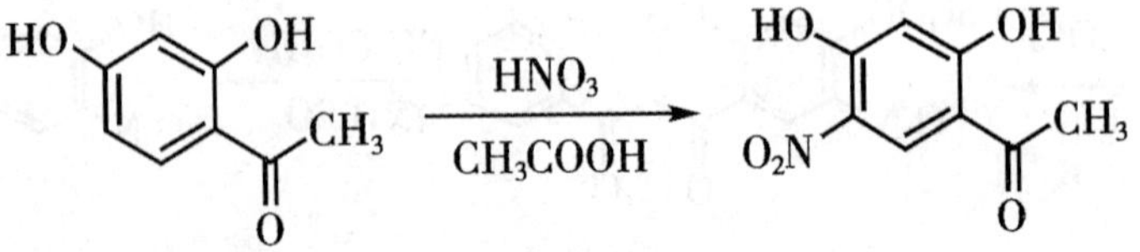

3-2　　　　　　　　　　　　　　　3-3

由于 2′, 4′-二羟基苯乙酮的芳环比较活泼，硝化反应又是强放热反应，如果热量不能及时地移走，就会使反应体系温度迅速升高，导致副反应。所以该硝化反应关键是要控制好反应的温度。本实验需要控制反应温度不超过 30℃，反应才能顺利进行，并获得较满意的收率。实验过程中采用了向 2′, 4′-二羟基苯乙酮的乙酸溶液中缓慢滴加浓硝酸的方法来控制反应温度，必要时可使用水浴降低反应体系的温度。

（4）3-芳酰基-7-羟基-6-硝基黄酮的合成新方法

按照设计的合成路线，即 Baker-Venkataraman 重排法，期望使用 2.0 mol 倍量的苯甲酰氯，在无水碳酸钾催化作用下，化合物 3-3 中两个羟基首先被酯化，然后乙酰基与其邻位的酯基发生分子内的克莱森缩合反应，得到目标分子 1-（4-苯甲酰氧基-2-羟基-5-硝基苯基）-3-苯基-1,3-丙二酮（3-4）。其合成路线为

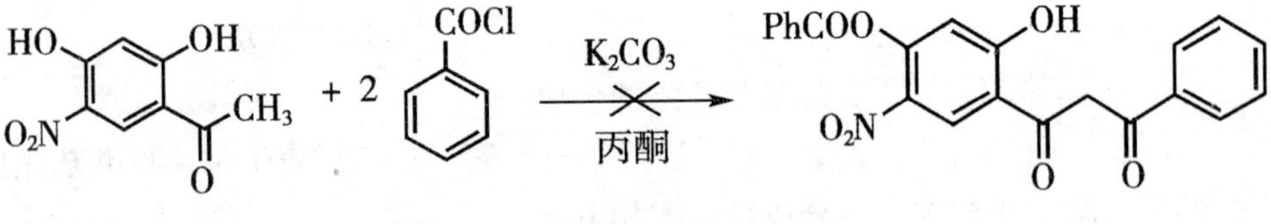

3-3　　　　　　　　　　　　　　　　　　　　3-4

出乎预料的是，所分离得到的产物并不是所预期的目标化合物 3-4，而是 3-苯甲酰基-7-羟基-6-硝基黄酮（3-8a）。其合成路线为

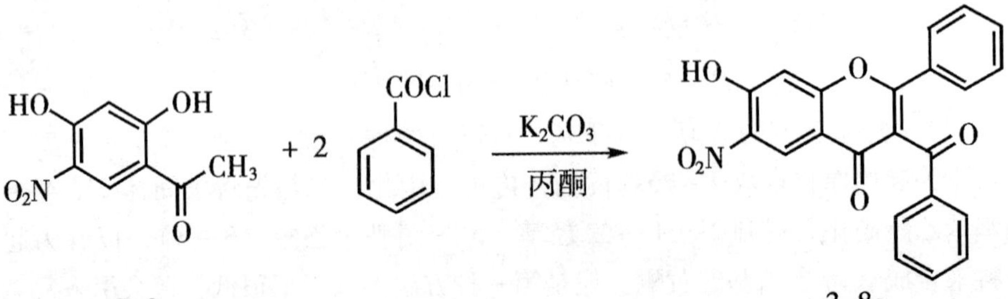

3-3　　　　　　　　　　　　　　　　　　　3-8a

①化合物 3-8a 的结构表征

在化合物 3-8a 的红外光谱图（图 3-1）中，3170 cm⁻¹ 处有羟基的吸收峰，1672 cm⁻¹ 处有苯甲酰基中羰基的吸收峰，1637 cm⁻¹ 处有黄酮 4 位羰基的吸收峰，1614 cm⁻¹ 和 1577 cm⁻¹ 处有苯环的骨架振动吸收峰，在 1556 cm⁻¹ 和 1367 cm⁻¹ 处分别有硝基 N=O 双键的不对称伸缩振动吸收峰和对称伸缩振动吸收峰。这说明分子结构中有羟基、硝基和两种羰基存在。

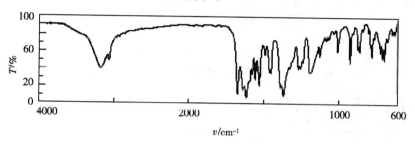

图 3-1 化合物 3-8a 的红外光谱图

在化合物 3-8a 的 ¹H NMR 谱图（图 3-2）中，化学位移 δ10.92（s, 1H）归属为 7 位羟基质子吸收峰，受分子内氢键的影响，羟基质子的化学位移向低场移动。δ9.07（s, 1H）归属为 5 位质子吸收峰。δ7.27（s, 1H）归属为 8 位质子吸收峰。δ7.89（d, 2H, $J = 7.6$ Hz）归属为 1″位和 5″位质子吸收峰。δ7.63（d, 2H, $J = 7.6$ Hz）归属为 1′位和 5′位的质子吸收峰。从 δ7.35 到 δ7.57 范围内的多重峰（6H）为苯环上的其他质子产生的吸收峰。

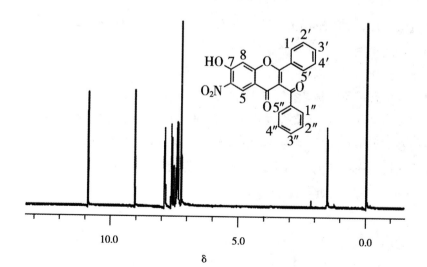

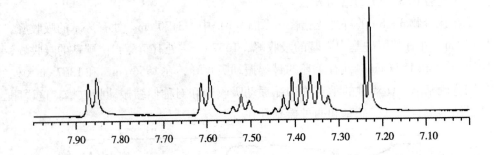

图 3 – 2　化合物 3 – 8a 的核磁共振氢谱图

在化合物 3 – 8a 的质谱（API – ES，负模式）图（图 3 – 3）中，m/z 为 386.0 处有准分子离子峰 $[M - H]^-$。

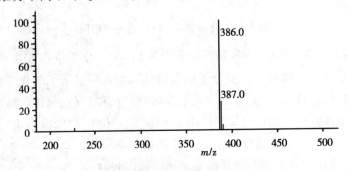

图 3 – 3　化合物 3 – 8a 的质谱图

通过 IR 谱图、^{1}H NMR 谱图和 MS 谱图分析鉴定，说明得到的分子 3 – 8a 的结构正确。

从以上反应结果可以看出，2′，4′ – 二羟基 – 5′ – 硝基苯乙酮（3 – 3）分子中硝基邻位的羟基不易被酯化。于是欲通过使用 1.0 mol 倍量的苯甲酰氯，应用 Baker-Venkataraman 重排法来合成相应的 1，3 – 丙二酮衍生物。化合物 3 – 3 与苯甲酰氯先在室温下反应 1 h 后，加热回流 15 h。提纯后产物（收率76%）的波谱分析结果表明，所得到的是酯化的产物 2′ – 苯甲酰氧基 – 4′ – 羟基 – 5′ – 硝基苯乙酮（3 – 9）。反应式如下。

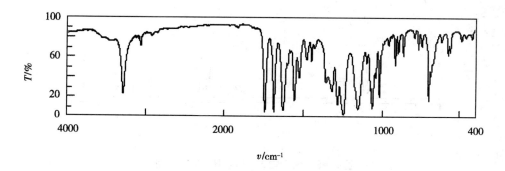

3-3　　　　　　　　　　　　　　　　　　　　　　3-9

②化合物 3 - 9 的结构表征

在化合物 3 - 9 的红外光谱图（图 3 - 4）中，3288 cm^{-1}处有羟基的吸收峰，1743 cm^{-1}处有酯羰基的吸收峰，1687 cm^{-1}处有乙酰基中羰基的吸收峰，1629 cm^{-1}和1558 cm^{-1}处有苯环的骨架振动吸收峰，在 1527 cm^{-1}和 1357 cm^{-1}处分别有硝基 N = O 双键的不对称伸缩振动吸收峰和对称伸缩振动吸收峰，且后者强于前者，在1242 cm^{-1}处有酯基中 C - O 单键的伸缩振动吸收峰。说明分子结构中有羟基、酯羰基、乙酰基和硝基存在。

图 3 - 4　化合物 3 - 9 的红外光谱图

在化合物 3 - 9 的^{1}H NMR 谱图（图 3 - 5）中，δ2.57（s，3H）归属为甲基质子的吸收峰。δ10.91（s，1H）归属为羟基质子的吸收峰。δ8.73（s，1H）归属为 6 位质子的吸收峰。δ7.07（s，1H）归属为 3 位质子的吸收峰。δ8.19（d，2H，J = 8.4 Hz）归属为 7 位和 11 位质子的吸收峰，两者磁等价，因受相邻的 8 位和 10 位质子的偶合而裂分为双峰。δ7.55（m，2H）归属为 8 位和 10 位质子的吸收峰。δ7.68（m，1H）归属为 9 位质子的吸收峰。

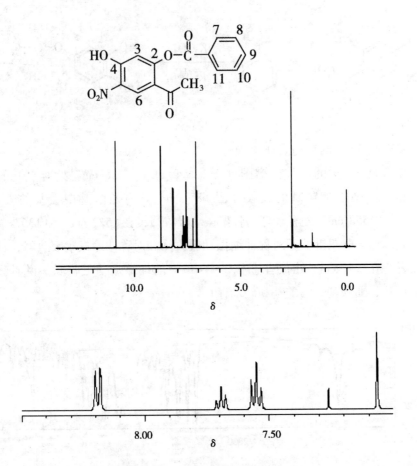

图 3-5   化合物 3-9 的 ^{1}H NMR 谱图

在化合物 3-9 的质谱（负模式）图（图 3-6）中，*m/z* 为 300.0 处有准分子离子峰 [M-H] $^-$。

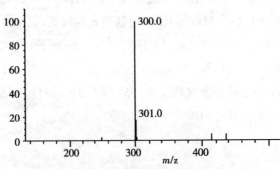

图 3-6   化合物 3-9 的质谱图

通过 IR 谱图、¹H NMR 谱图和 MS 谱图分析鉴定，说明得到的化合物 3 – 9 的结构正确。

化合物 3 – 9 的形成至少表明不能用该方法直接以主产物获得相应的 1，3 – 丙二酮衍生物。同时也说明化合物 3 – 9 中酯基作为酰基化试剂反应活性较低。那么化合物 3 – 8a 的形成就可能是先生成的酯化产物 3 – 9 中乙酰基被另一分子的酰氯酰基化后，所得产物再闭环的结果。为了验证这一设想，分别用另外几种取代的苯甲酰氯，即对甲基苯甲酰氯、间 – 氯苯甲酰氯和对甲氧基苯甲酰氯分别与化合物 3 – 3 反应，结果也分别得到了相应的 3 – 芳酰基黄酮化合物。综合以上结果，几种 3 – 芳酰基黄酮化合物的合成反应通式如下。

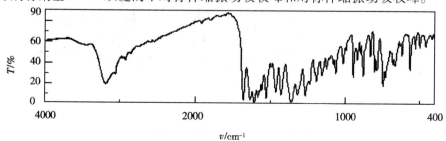

3 – 3   3 – 8a：R=H   3 – 8

3 – 8b：R=m–Cl

3 – 8c：R=p–CH₃

3 – 8d：R=p–OCH₃

③化合物 3 – 8b 的结构表征

在化合物 3 – 8b 的红外光谱图（图 3 – 7）中，3191 cm⁻¹ 处有羟基的吸收峰，1678 cm⁻¹ 处有苯甲酰基中羰基的吸收峰，1635 cm⁻¹ 处有黄酮羰基的吸收峰，1608 cm⁻¹ 和 1556 cm⁻¹ 处有苯环的骨架振动吸收峰，在 1527 cm⁻¹ 和 1359 cm⁻¹ 处分别有硝基 N＝O 双键的不对称伸缩振动吸收峰和对称伸缩振动吸收峰。

图 3 – 7　化合物 3 – 8b 的红外光谱图

在化合物 3-8b 的 ^{1}H NMR 谱图（图 3-8）中，δ10.95（s，1H）归属为 7 位羟基质子吸收峰。δ9.06（s，1H）归属为 5 位质子吸收峰。δ7.30（s，1H）归属为 8 位质子吸收峰。δ7.85（t，1H，$J = 1.8$ Hz）归属为 1″ 质子吸收峰。δ7.67（t，1H，$J = 1.6$ Hz）归属为 1′ 质子吸收峰。δ7.75（dd，1H，$J = 8.8$ Hz），δ7.55（m，1H）处和从 δ7.29 到 δ7.47（m，6H）为苯环上其他质子的吸收峰。

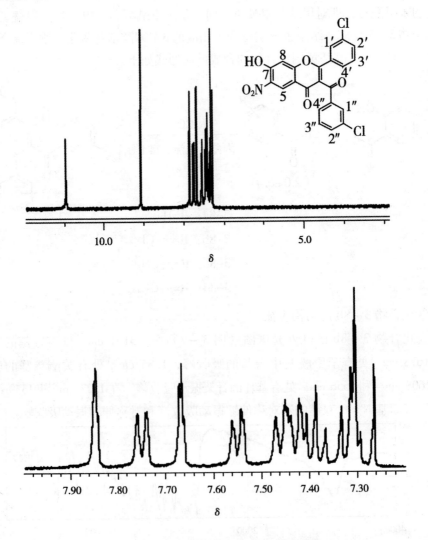

图 3-8　化合物 3-8b 的 ^{1}H NMR 谱图

在化合物 3 - 8b 的质谱（正模式）图（图 3 - 9）中，m/z 为 456.0 处有准分子离子峰［M + H］⁺。

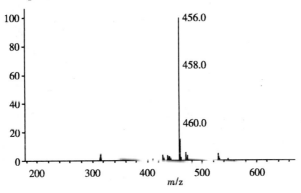

图 3 - 9　化合物 3 - 8b 的质谱图

通过 IR 谱图、¹H NMR 谱图和 MS 谱图分析鉴定，说明得到的分子 3 - 8b 的结构正确。

④化合物 3 - 8c 的结构表征

在化合物 3 - 8c 的红外光谱图（图 3 - 10）中，3442 cm^{-1} 处有羟基的吸收峰，1675 cm^{-1} 处有苯甲酰基中羰基的吸收峰，1635 cm^{-1} 处有黄酮羰基的吸收峰，在 1529 cm^{-1} 和 1359 cm^{-1} 处分别有硝基 N = O 双键的不对称伸缩振动吸收峰和对称伸缩振动吸收峰，且后者强于前者。说明分子结构中有羟基、硝基和两类羰基。

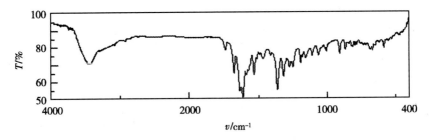

图 3 - 10　化合物 3 - 8c 的红外光谱图

在化合物 3 - 8c 的¹H NMR 谱图（图 3 - 11）中，δ10.93（s, 1H）为 7 位羟基质子吸收峰。δ9.05（s, 1H）归属为 5 位质子吸收峰。δ7.81（d, 2H, J = 8.4 Hz）归属为 2″位和 6″位质子吸收峰。7.54（d, 2H, J = 8.4 Hz）归属为 2′位和 6′位质子吸收峰。从 δ7.17 到 δ7.26 为多重峰（5H），归属为 8 位质子和 3′, 5′, 3″, 5′位质子吸收峰。δ2.35（s, 3H）和 δ2.38（s, 3H）归属为 4′位和

4″位甲基质子吸收峰。

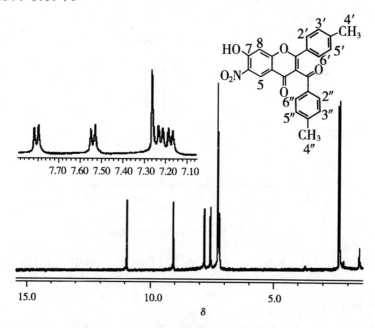

图3-11　化合物3-8c的核磁共振氢谱图

在化合物 3-8c 的质谱图（图 3-12）中，m/z 为 414 处有分子离子峰 [M-H]⁻，表明其分子量为 415。

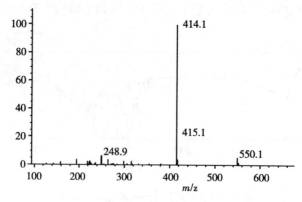

图3-12　化合物3-8c的质谱图

通过 IR 谱图、¹H NMR 谱图和 MS 谱图分析鉴定，说明得到的化合物 3-8c 的结构正确。

⑤化合物 3-8d 的结构表征

在化合物 3-8d 的红外光谱图（图 3-13）中，3432 cm⁻¹ 处有羟基的吸收峰，1674 cm^{-1} 处有苯甲酰基中羰基的吸收峰，1645 cm^{-1} 处有黄酮羰基的吸收峰，在 1542 cm^{-1} 和 1365 cm^{-1} 处分别有硝基 N = O 双键的不对称伸缩振动吸收峰和对称伸缩振动吸收峰。

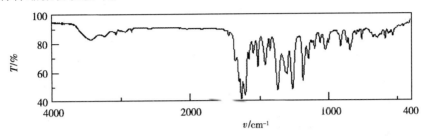

图 3 - 13　化合物 3 - 8d 的红外光谱图

在化合物 3 - 8d 的 ^{1}H NMR 谱图（图 3 - 14）中，δ10.91（s，1H）为 7 位羟基质子吸收峰。δ9.03（s，1H）归属为 5 位质子吸收峰。δ7.25（s，1H）归属为 8 位质子吸收峰。δ3.80（s，3H）和 δ3.84（s，3H）归属为 3'位和 3″位甲氧基质子吸收峰，此处两个甲氧基的化学位移不同。7.88（d，2H，J = 8.8 Hz）归属为 1″位和 5″位质子吸收峰，因为受到相邻质子偶合作用所以裂分。δ7.62（d，2H，J = 8.8 Hz）归属为 1'位和 5'位质子吸收峰，因为受到相邻质子的偶合作用而裂分。δ6.87 为中心的三重峰是两组双峰部分重合而成，δ6.88（d，2H，J = 8.8 Hz）归属为 2″和 4″位质子吸收峰，δ6.86（d，2H，J = 8.8 Hz）归属为 2'和 4'位质子吸收峰。

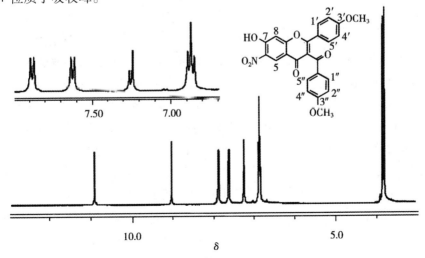

图 3 - 14　化合物 3 - 8d 的 ^{1}H NMR 谱图

化合物 3 −8d 的质谱图（图 3 −15）中，m/z 为 448.1 处有准分子离子峰 $[M+H]^+$。

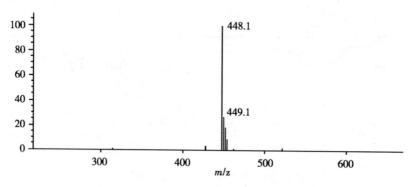

图 3 −15   化合物 3 −8d 的质谱图

通过 IR 谱图、^{1}H NMR 谱图和 MS 谱图分析鉴定，说明得到的分子 3 − 8c 的结构正确。

通过以上化合物 3 −8a ~3 −8d 的波谱分析结果可以看出，按照所采用的方法，化合物 3 −3 和 2.0 mol 倍量的苯甲酰氯衍生物反应，均能直接生成相应的 3 −芳酰基 −7 −羟基 −6 −硝基黄酮。同时也说明该反应具有一定的通用性。

需要指出的是，尽管 3 −芳酰基黄酮化合物具有重要的杀菌活性[10]，但是关于该类化合物的合成方法的研究并不多见。目前，合成 3 −芳酰基黄酮的方法主要有 3 种：①2′，6′ −二芳酰氧基苯乙酮的 Baker-Venkataraman 重排法[11,12]；②苯亚甲基黄烷酮的氧化法[13−15]；③二芳基甲烷衍生物与芳香醛缩合，所得产物再氧化[16]。在第一种方法中，起始原料仅限于 2′，6′ −二羟基苯乙酮，也就是说，方法一只局限于 3 −芳酰基 −5 −羟基黄酮的合成。而后两种方法中，3 −芳酰基黄酮的前体化合物的合成相当费力，而且操作烦琐。所发现的方法操作简单，条件温和，由两种原料反应可直接得到 3 −芳酰基黄酮衍生物。

（5）1 −(2，4 −二羟基 −5 −硝基苯基) −3 −苯基 −1，3 −丙二酮的合成

Pinto 等[17]曾经指出，在碳酸钾/吡啶条件下合成 3 −芳酰基 −5 −羟基黄酮时，反应进行 2 h 比 1 h 得到的产品产率低，且得到较多的 5 −羟基黄酮，这是由于在此条件下 3 −芳酰基 −5 −羟基黄酮中芳酰基裂解掉，生成了 5 −羟基黄酮。本书作者尝试用碳酸钾在吡啶中去脱除化合物 3 −8a 的苯甲酰基，但是在该条件下化合物 3 −8a 并没有发生变化。另外，有关文献[9]报道，在氢氧化钾的 5% 乙醇溶液中苯甲酰基可以脱去。于是，作者尝试了如下反应。

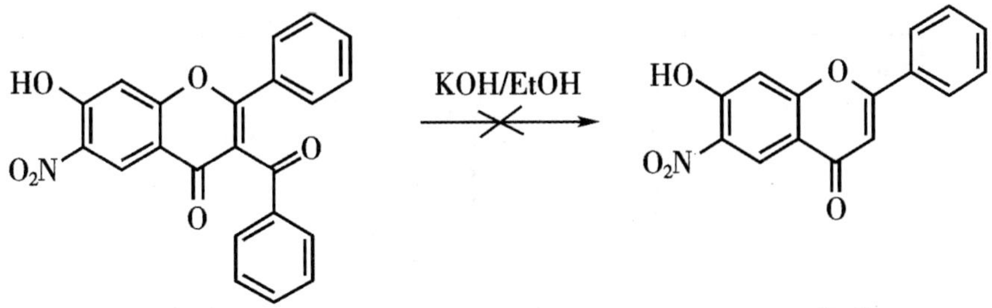

3-8a   3-5

用薄层色谱（TLC）对该反应进行跟踪，反应 1 h 后，原料 3-8a 已经完全消失，在薄层色谱上（硅胶 G，展开剂：石油醚、乙酸乙酯体积比为 7∶1，加 1 滴乙酸）可以看到两个黄色斑点，其中 $R_f = 0.22$ 的组分含量多。于是用制备型薄层色谱法分离得到了两种产品，对其进行结构鉴定。$R_f = 0.22$ 组分的是 1-（2-苯甲酰氧基-4-羟基-5-硝基苯基）-3-苯基-1，3-丙二酮（3-10），$R_f = 0.43$ 的组分是 1-（2，4-二羟基-5-硝基苯基）-3-苯基-1，3-丙二酮（3-11）。这说明化合物 3-8a 并不是直接脱除苯甲酰基，而是首先开环得到化合物 3-10，然后酯基水解生成 1，3-丙二酮 3-11。TLC 跟踪发现，当延长反应时间至 24 h 时，化合物 3-8a 可以完全转化为化合物 3-11。化合物 3-8a 的碱处理开环路线为

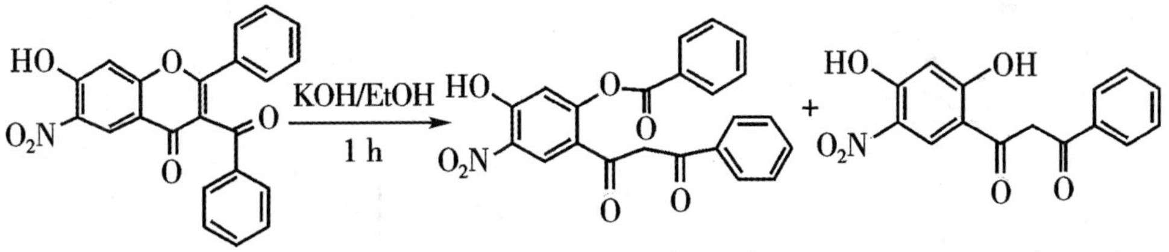

3-8a   3-10（64%）   3-11（32%）

①化合物 3-10 的结构鉴定

在化合物 3-10 的红外光谱图（图 3-16）中，3444 cm^{-1} 处有羟基的吸收峰，1745 cm^{-1} 处有酯羰基的吸收峰，在 1242 cm^{-1} 处有酯基中 C-O 单键的伸缩振动吸收峰。1633 cm^{-1} 为与烯醇形成氢键的羰基吸收峰。1602 cm^{-1} 和 1569 cm^{-1} 处有苯环的骨架振动吸收峰，在 1523 cm^{-1} 和 1313 cm^{-1} 处分别有硝基 N＝O 双键的不对称伸缩振动吸收峰和对称伸缩振动吸收峰。说明分子结构中有羟基、硝基和羰基。

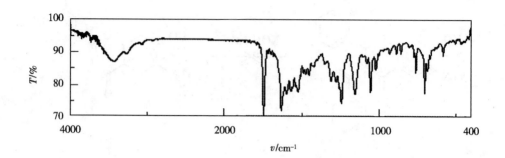

图 3 - 16　化合物 3 - 10 的红外光谱图

在化合物 3 - 10 的 ^{1}H NMR 谱图（图 3 - 17）中，δ16.54（s，1H）归属为烯醇式羟基质子的吸收峰。δ10.88（s，1H）归属为硝基邻位羟基质子的吸收峰。δ8.81（s，1H）归属为硝基邻位苯环质子的吸收峰。δ7.16（s，1H）归属为硝基间位苯环质子的吸收峰。δ6.72（s，1H）归属为烯醇结构中双键质子吸收峰。其他吸收峰的峰面积对应于 10 个质子。

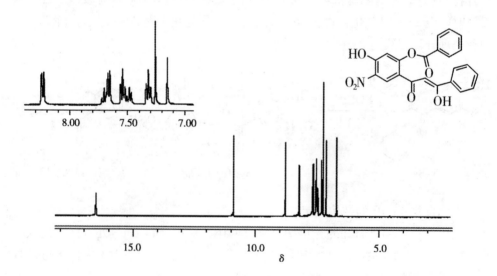

图 3 - 17　化合物 3 - 10 的 ^{1}H NMR 谱图

在化合物 3 - 10 的质谱（负模式）图（图 3 - 18）中，m/z 为 404.0 处有准分子离子峰 [M - H]$^-$。

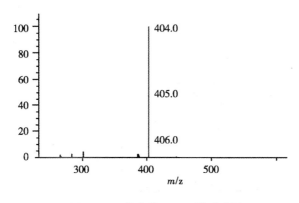

图 3—18 化合物 3—10 的质谱图

通过对 IR 谱图、¹H NMR 谱图和 MS 谱图分析可以知化合物 3—10 的结构正确。

②化合物 3—11 的结构鉴定

在化合物 3—11 的红外光谱图（图 3—19）中，3410 cm⁻¹ 处有羟基的较宽的吸收峰。由于羰基可以和苯环上羟基和烯醇式羟基形成氢键，其吸收峰波数降低较多，在 1604 cm⁻¹ 处有羰基的吸收峰。

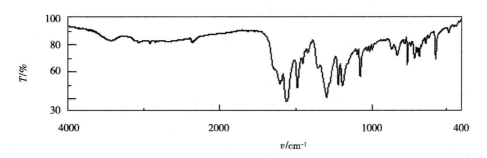

图 3—19 化合物 3—11 的红外光谱图

在化合物 3—11 的 ¹H NMR 谱图（图 3—20）中，δ15.12（s，1H）和 δ12.94（s，1H）的两个单峰归属为与羰基形成氢键的两个羟基质子吸收峰，δ10.99（s，1H）归属为 4′位羟基质子吸收峰。δ8.68（s，1H）归属为 6′位的质子吸收峰。因为在 δ3～5 范围内检测不到酮式结构中亚甲基质子吸收峰，所以化合物 3—11 是以烯醇式结构存在的。δ6.77 的单峰为 2 位双键上氢的吸收峰，δ6.63 的单峰为 3′质子的吸收峰。

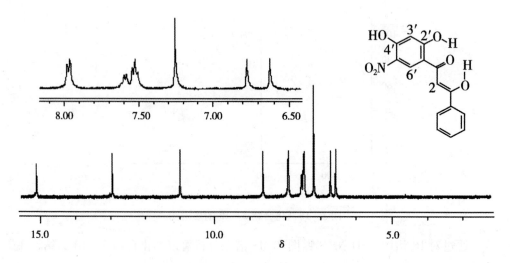

图 3 - 20　化合物 3 - 11 的核磁共振氢谱图

在化合物 3 - 11 的质谱（API - ES，负模式）图（图 3 - 21）中，m/z 为 300 处有准分子离子峰 ［M - H］⁻。

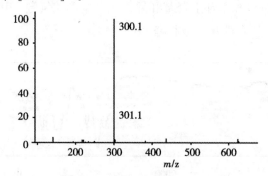

图 3 - 21　化合物 3 - 11 的质谱图

通过对化合物 3 - 11 的 IR 谱图、¹H NMR 谱图和 MS 谱图分析可以确定其结构为 1 - （2，4 - 二羟基 - 5 - 硝基苯基）- 3 - 苯基 - 1，3 - 丙二酮。

在得到化合物 3 - 9，3 - 10 和 3 - 11 后，用高效液相色谱 - 质谱（HPLC-MS）联机系统对合成化合物 3 - 8a 的反应最终混合物进行分析（HPLC 分析条件：色谱柱，C_{18} - ODS（2.1 × 150 mm，5 um，Zorbax）；检测波长：$\lambda = 254$ nm；流动相：甲醇/水 = 60/40（体积比）+ 柠檬酸（1.0 g/L），流速：0.8 mL/min）。同时分别以化合物 3 - 8a，3 - 3，3 - 9，3 - 10 和 3 - 11 为标准对照品。混合物的 HPLC 如图 3 - 22 所示。

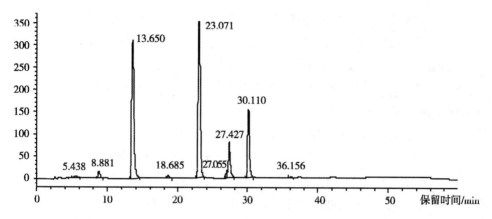

图 3 - 22　化合物 3 - 8a 合成中反应最终混合物的高效液相色谱图

各组分的质谱图如图 3 - 23 所示。

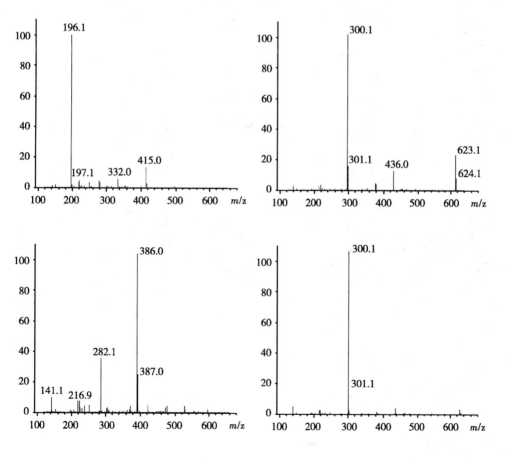

图 3 - 23　混合物中各组分的质谱图（负模式）

经过与标准样品在相同条件下的 HPLC 的对比，确定了图 3 – 22 中各个组分。RT（保留时间）＝ 13.65 min 的组分是原料 3 – 3，该吸收峰对应 $m/z =$ 196.1 的准分子离子峰。原料 3 – 3 剩余原因可能是反应过程中部分酯化产物水解造成的。RT ＝ 23.071 min 的组分为单酯化产物 3 – 9，该吸收峰对应于 $m/z =$ 300.1 的准分子离子峰。RT ＝ 27.427 min 时的吸收峰对应 $m/z =$ 386.0 的准分子离子峰，为化合物 3 – 8a。RT ＝ 30.110 min 的组分为化合物 3 – 11，该吸收峰对应 $m/z =$ 300.1 的离子峰。化合物 3 – 11 的形成可能是由化合物 3 – 9 部分重排而来的。从质谱图所给出的信息，未发现原料 3 – 3 被二苯甲酰化的产物。

由于化合物 3 – 3 未被二酯化，化合物 3 – 3 与 2.0 mol 倍量的苯甲酰氯反应可直接生成化合物 3 – 8a，化合物 3 – 8a 在碱处理时，发生开环反应，生成化合物 3 – 10，化合物 3 – 9 重排成化合物 3 – 11 困难，而酰氯又比酯的酰基化反应活性高得多。基于以上反应事实，推测化合物 3 – 8a 的生成可能经历了如下的反应历程[18]。

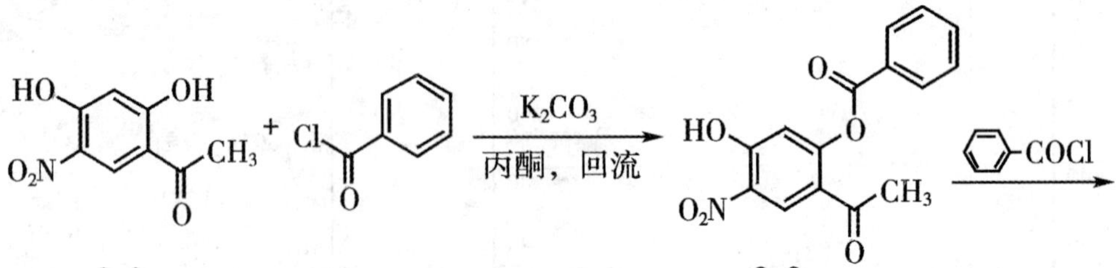

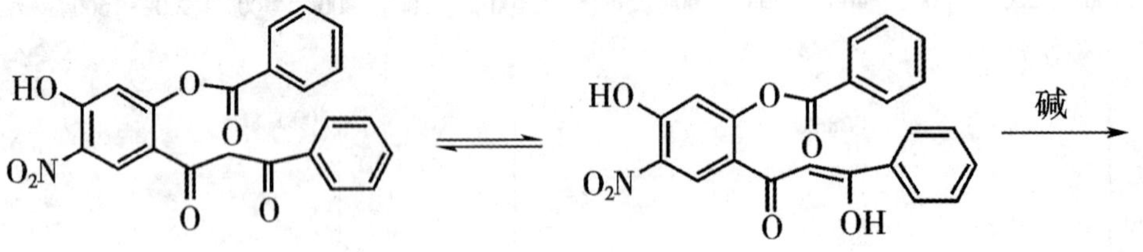

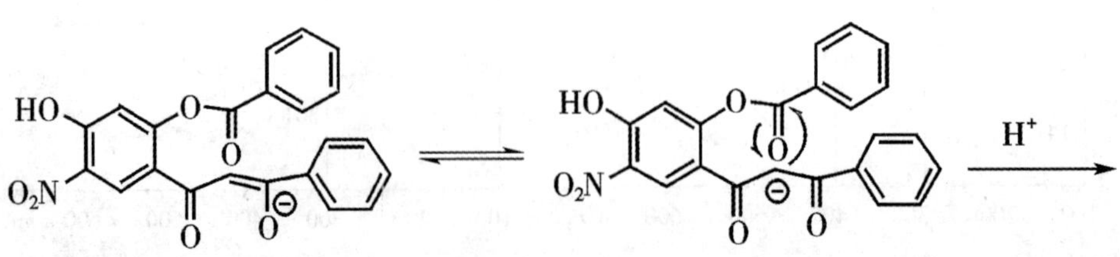

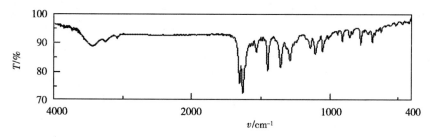

3–15　　　　　　　　　　　　　　　　　3–8a

（6）7 – 羟基 – 6 – 硝基黄酮的合成

7 – 羟基 – 6 – 硝基黄酮（3 – 5）由 1，3 – 丙二酮（3 – 11）经酸催化闭环而得。反应式如下。

3–11　　　　　　　　　　　　　　　　　3–5

化合物 3 – 5 的结构表征如下。

在化合物 3 – 5 的红外光谱图（图 3 – 24）中，3444 cm^{-1} 处有较宽的羟基吸收峰，1629 cm^{-1} 处有黄酮环羰基的吸收峰，在 1531 cm^{-1} 和 1355 cm^{-1} 处分别有硝基 N＝O 双键的不对称伸缩振动吸收峰和对称伸缩振动吸收峰。说明分子结构中有羟基、硝基和羰基。

图 3 – 24　化合物 3 – 5 的红外光谱图

在化合物 3 – 5 的 ^{1}H NMR 谱图（图 3 – 25）中，δ12.34（s，1H）归属为 7 位羟基质子吸收峰。δ8.48（s，1H）归属为 5 位质子吸收峰。δ7.33（s，1H）

归属为 8 位质子吸收峰。δ7.05（s，1H）归属为 3 位质子吸收峰。δ8.12（m，2H）归属为 2′和 6′位质子吸收峰。δ7.60（m，3H）归属为 3′，4′，5′位质子吸收峰。

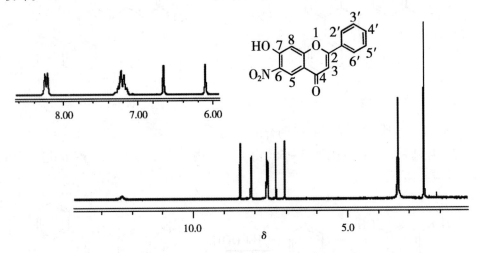

图 3-25　化合物 3-5 的 ¹H NMR 谱图

通过对化合物 3-5 的 IR 谱图、¹H NMR 谱图分析可以知化合物 3-5 的结构正确。

Costantino 等[19]曾以化合物 3-3 和苯甲酰氯为原料，双（三甲基硅）胺锂（LiHMDS）为强碱，在 -78℃合成了 1，3-丙二酮（3-11），只是该产物未经分离，直接用于下一步反应，合成了 7-羟基-6-硝基黄酮（3-5）。具体方法是：用双（三甲基硅）胺锂（LiHMDS）为强碱，在 -78℃处理 2，4-二羟基-5-硝基苯乙酮 1 h，然后在 0℃反应 2 h，重新冷至 -78℃并加入苯甲酰氯，低温下反应 0.5 h 后，室温下反应 4 h。混合物倾入冰水和盐酸混合物中，萃取干燥后蒸干溶剂，残余物与乙酸和硫酸混合，并在 100℃反应 1 h，冷却后加水并收集沉淀。尽管 Costantino 等所采用的方法时间较短，但 -78℃的反应条件还是很不方便的。

以 2′，4′-二羟基-5-硝基苯乙酮（3-3）和苯甲酰氯为原料，在无水碳酸钾存在下于丙酮中反应，得到 3-苯甲酰基-7-羟基-6-硝基黄酮，将其用 5% KOH 乙醇溶液处理，可以得到 1-（2，4-二羟基-5-硝基苯基）-3-苯基-1，3-丙二酮（3-11），后者在酸性条件下闭环生成 7-羟基-6-硝基黄酮（3-5）。该方法虽然反应时间较长，但是反应条件均很温和，无需特殊试剂和超低温的苛刻条件。因此，该方法提供了一条合成 7-羟基-6-硝基黄酮的新途径。

（7）6 - 氨基 - 7 - 羟基黄酮的合成

6 - 硝基 - 7 - 羟基黄酮的硝基经保险粉还原后，即得 6 - 氨基 - 7 - 羟基黄酮
（3 - 6）。反应式如下。

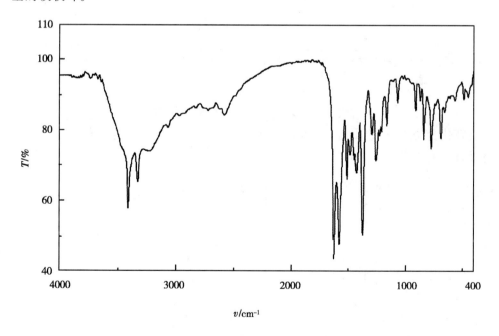

化合物 3 - 6 的结构表征如下。

在化合物 3 - 6 的红外光谱图（图 3 - 26）中，在 3399 cm^{-1} 和 3323 cm^{-1} 处
有伯氨基的特征吸收峰，说明硝基已经被还原为氨基。在 1624 cm^{-1} 处为黄酮羰
基的吸收峰。

图 3 - 26　化合物 3 - 6 的红外光谱图

在化合物 3 - 6 的 ^{1}H NMR 谱图（图 3 - 27）中，δ6.78（s，1H）归属为 3
位质子的吸收峰。δ6.95（s，1H）归属为 8 位质子吸收峰，由于受到间位氨基

的影响，该质子化学位移比化合物 3 - 6 中相应质子明显向高场移动。δ7.14（s，1H）归属为 5 位质子吸收峰。δ8.00 ~ 8.03（dd，2H）归属为 2′位和 6′位质子吸收峰，在这里两个质子表现为不等价。δ7.55 ~ 7.57（t，3H）归属为 3′位、4′位和 5′位质子的吸收峰。^{1}H NMR 谱图中未发现羟基和氨基质子的吸收峰，可能有两种原因：一是溶剂 DMSO-d_6 中残余的痕量水与活泼质子交换；二是由于羟基和氨基处于邻位，存在快速的质子交换，所以在 ^{1}H NMR 中检测不到。这种情况与 Dax 等[20] 所描述的情形类似。

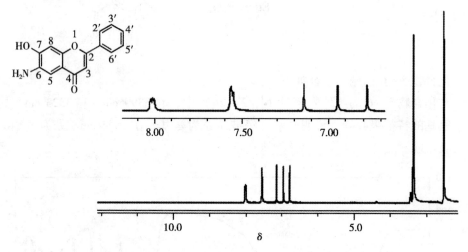

图 3 - 27　化合物 3 - 6 的 ^{1}H NMR 谱图

在化合物 3 - 6 的质谱（APCI，正模式）图（图 3 - 28）中，m/z 为 254 处有准分子离子峰［M + H］$^+$。

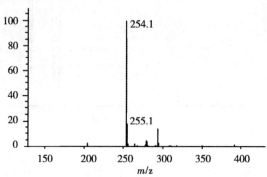

图 3 - 28　化合物 3 - 6 的质谱图

通过对化合物 3 - 6 的 IR 谱图、^{1}H NMR 谱图、MS 谱图进行分析，可知其结构正确。

3.1.1.8　6－氨基－3－苯甲酰基－7－羟基黄酮的合成

化合物 3－8a 用保险粉还原，得到 6－氨基－3－苯甲酰基－7－羟基黄酮（3－16）。其合成路线为

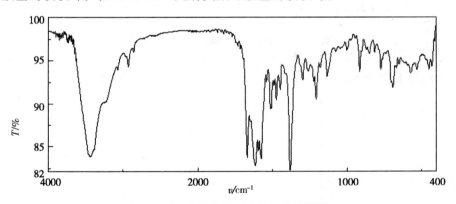

3－8a　　　　　　　　　　　　　　　　　3－16

对化合物 3－16 进行结构分析鉴定如下。

在化合物 3－16 的红外光谱图（图 3－29）中，3100 cm^{-1} 至 3600 cm^{-1} 处有较宽而强的吸收峰，是由羟基和氨基吸收所产生的。在 1670 cm^{-1} 处有苯甲酰基中羰基的吸收峰，在 1616 cm^{-1} 处有黄酮环羰基的吸收峰。

图 3－29　化合物 3－16 的红外光谱图

在化合物 3－16 的 ^{1}H NMR 谱图（图 3－30）中，δ6.94（s，1H）归属为 5 位质子的吸收峰，由于氨基是强的供电子基团，所以 5 位质子的化学位移向高场移动。δ7.85（d，2H，J =8.8 Hz）归属为 2″位和 6″位质子的吸收峰，δ7.13（s，1H）归属为 8 位质子的吸收峰。羟基和氨基的质子的吸收峰也未被观察到，类似于化合物 3－6 的 ^{1}H NMR 谱图的现象。

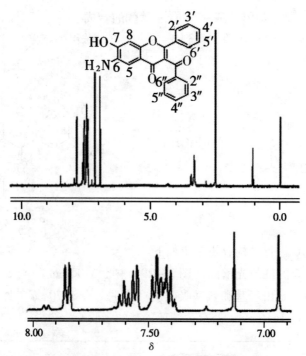

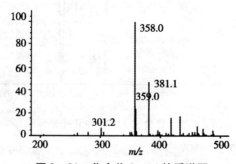

图 3 – 30　化合物 3 – 16 的 ^{1}H NMR 谱图

化合物 3 – 16 的质谱（API – ES，正模式）图（图 3 – 31）中，在 m/z 为 358 处出现了准分子离子峰［M + H］$^+$，说明该化合物的分子量正确。

图 3 – 31　化合物 3 – 16 的质谱图

通过对化合物 3 – 16 的 IR 谱图、^{1}H NMR 谱图进行分析，可知其结构正确。

3.1.2　含黄酮结构偶氮染料的合成

（1）　3 – 16 与 β – 萘酚的偶合反应——染料 3 – 17 的合成

由于 6 – 氨基 – 3 – 苯甲酰基 – 7 – 羟基黄酮（3 – 16）的合成相对简单，而且包含 6 – 氨基 – 7 – 羟基黄酮（3 – 6）的结构，所以首先以化合物 3 – 16 为重氮组分，尝试将其重氮化后与 β – 萘酚偶合。染料 3 – 17 的合成路线为

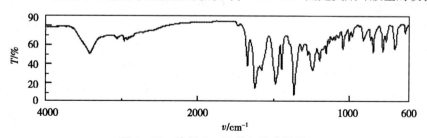

3－16　　　　　　　　　　　　　　　　　　　　3－17

　　由于游离的邻氨基酚类在普通条件下重氮化时，很容易被亚硝酸所氧化[21]。所以要在弱酸介质中进行重氮化反应，弱酸和亚硝酸钠作用时，缓缓放出亚硝酸，后者立即和芳胺作用，防止了氧化的发生。所以此反应不能用一般的方法进行重氮化，选的介质是乙酸。因为重氮化反应温度要控制在 0～5℃ 范围内。如果全部用乙酸将芳胺溶解，由于乙酸的冰点较高（16℃），在低温下凝固，不能使反应顺利进行，而且偶合时需要大量的碱溶液来调节 pH 值。选用在乙酸和乙醇的混合介质中进行重氮化反应是可行的。

　　在重氮化实验中，由于乙酸与亚硝酸钠反应生成亚硝酸的速率较小，而且生成了亚硝酸，又和芳胺生成了重氮盐，所以用淀粉－碘化钾试纸难以检查到亚硝酸是否微过量。应延长反应时间，使反应尽可能地完全。

　　重氮盐与 β－萘酚偶合，偶合发生 β－萘酚的 α－位，要求偶合反应在碱性环境中进行，控制偶合反应时的 pH 值在 8～9 之间。把重氮盐的溶液缓慢滴加到偶合组分当中，并且随时用饱和碳酸钠溶液来调节反应体系的 pH 值，保证反应顺利进行。通过渗圈实验跟踪反应，当重氮盐消失，偶合组分稍有剩余时，表明反应进行到终点。

　　染料 3－17 的结构表征如下。

　　在染料 3－17 的红外光谱图（图 3－32）中，在 3421 cm^{-1} 处有较宽的羟基吸收峰，1673 cm^{-1} 处是苯甲酰基中的羰基的吸收峰，1623 cm^{-1} 处是黄酮环羰基的吸收峰。

图 3－32　染料 3－17 的红外光谱图

　　在染料 3－17 的 ^1H NMR 谱图（图 3－33）中，在 δ14.31（s，1H）和 δ13.02（s，1H）的两个单峰可分别归属为亚胺基质子和羟基质子的吸收峰，因为以 β－萘酚为偶合组分的偶氮染料主要以腙体结构存在[22]。δ8.56（s，1H）归属为 5 位的质子吸收峰。其他峰面积对应于 19 个芳环质子。

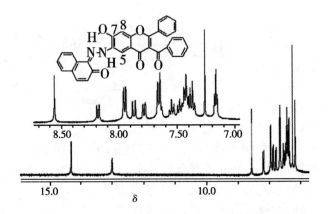

图 3-33　染料 3-17 的核磁共振氢谱图

在化合物 3-17 的质谱（负模式）图（图 3-34）中，*m/z* 为 511 处有准分子离子峰 [M-H]⁻。

图 3-34　染料 3-17 的质谱图

通过对化合物 3-17 的 IR 谱图、¹H NMR 谱图和 MS 谱图进行分析可知其结构正确。染料 3-17 在丙酮溶剂中，λ_{max} =496 nm，ε =19170 L/mol·cm。

（2）3-16 与 1-苯基-3-甲基-5-吡唑酮的偶合反应——染料 3-18 的合成

氨基物的重氮化按照前述方法进行，然后与 1-苯基-3-甲基-5-吡唑酮在碱性条件下偶合，合成了相应的偶氮染料。染料 3-18 的合成路线为

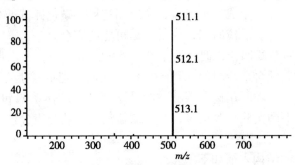

染料 3 - 18 的结构表征如下。

在染料 3 - 18 的 ^{1}H NMR 谱图（图 3 - 35）中，δ13.56（s，1H）归属为 N - H 质子的吸收峰，δ12.42（s，1H）归属为羟基质子的吸收峰。

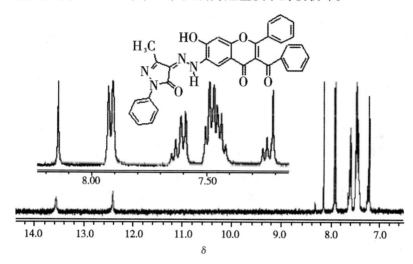

图 3 - 35　染料 3 - 18 的核磁共振氢谱图

在化合物 3 - 18 的质谱（负模式）图（图 3 - 36）中，m/z 为 541 处有准分子离子峰 ［M - H］$^-$。

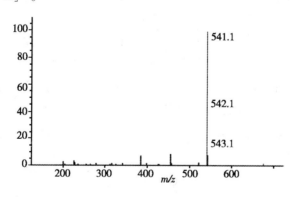

图 3 - 36　染料 3 - 18 的质谱图

通过对化合物 3 - 18 的 ^{1}H NMR 谱图和 MS 谱图进行分析可知其结构正确。

染料 3 - 18 在丙酮溶剂中，λ_{max} = 420 nm，ε = 26830 L/mol·cm。

通过以上黄酮化合物的合成研究工作可以看出以下几点。

①发现了温和条件下"一釜"法合成 3 - 芳酰基 - 7 - 羟基 - 6 - 硝基黄酮的

新方法。2′, 4′－二羟基－5′－硝基苯乙酮（3－3）与 2.0 mol 倍量的（取代的）苯甲酰氯在丙酮介质中，无水 K_2CO_3 催化作用下，可直接生成相应的 3－芳酰基－7－羟基－6－硝基黄酮化合物。用该方法合成了 4 个 3－芳酰基－7－羟基－6－硝基黄酮化合物，其中 3 个为新化合物。

②探索出了 6－氨基－7－羟基黄酮的合成新途径。先由化合物 3－3 与 2.0 mol 倍量的苯甲酰氯反应合成出 3－苯甲酰基－7－羟基－6 硝基黄酮（3－8a），后者用 5% KOH/EtOH 处理开环并脱掉一个苯甲酰基生成 1－（2，4－二羟基－5－硝基苯基）－3－苯基－1，3－丙二酮（3－11），化合物 3－11 在酸性条件下闭环后生成 7－羟基－6－硝基黄酮（3－5）。化合物 3－5 经还原即得 6－氨基－7－羟基黄酮（3－6）。该方法具有操作简单，收率较高的优点。

③将 6－氨基－3－苯甲酰基－7－羟基黄酮（3－16）作为重氮组分，分别与 β－萘酚和 N－苯基－3－甲基吡唑啉酮偶合合成了两种新型的偶氮染料 3－17和 3－18。而化合物 3－6 的合成尚存在放大的困难，而且其和 β－萘酚或 N－苯基－3－甲基吡唑啉酮的偶合反应产物复杂，该化合物作为重氮组分的偶合反应有待于深入研究。

为了使黄酮类化合物有较大的最大吸收波长，与纤维有高的亲和力，同时水溶性较低，作者设计在黄酮类化合物分子中引入甲氧基、氨基、硝基、二甲氨基、羟基等取代基。以含有上述取代基的黄酮类分子为目标化合物进行合成，目标化合物包括查尔酮、黄酮、黄酮醇（3－羟基黄酮）等。由于目标分子结构中含有强吸电性取代基团硝基，采用了先合成查尔酮再闭环的路线反应条件比较温和。同时，查尔酮作为黄酮类化合物中的一类，也是作者感兴趣的研究对象之一。综合考虑，采用先合成查尔酮、再氧化闭环的路线合成黄酮、3－羟基黄酮化合物。

按照以下所设计的路线合成黄酮化合物。

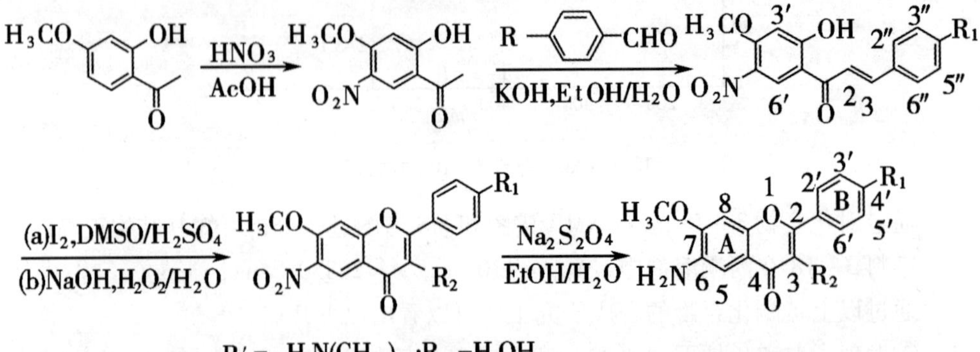

$R_1' = -H, N(CH_3)_2 ; R_2 = H, OH$

3.1.3 7-甲氧基-6-硝基黄酮的合成与表征

（1）2-羟基-4-甲氧基-5-硝基苯乙酮的合成与表征

2-羟基-4-甲氧基苯乙酮 1 在硝酸/冰醋酸体系中硝化，生成 2-羟基-4-甲氧基-5-硝基苯乙酮。其合成线路为

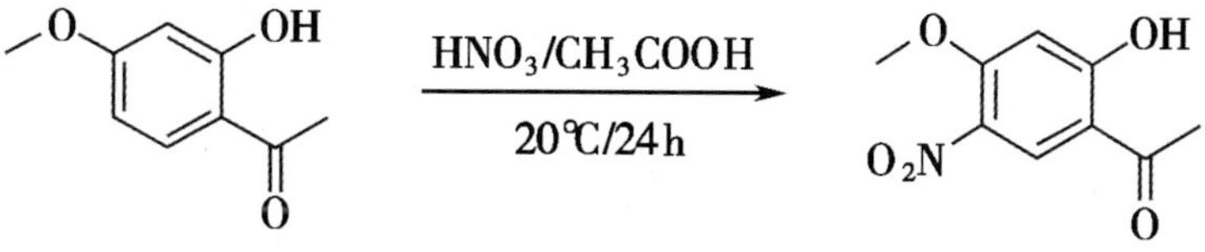

硝化反应过程中，常用的硝化试剂是硝酸/浓硫酸混酸，此条件下反应较剧烈，选择性不易控制。有关文献[23]报道用浓硝酸硝化，选择性较差，产品经过结晶、活性炭脱色后，为棕褐色晶体，纯度不够。而硝酸与冰醋酸混合进行硝化则比较温和，选择性较好。经过试验不同比例的硝酸与冰醋酸，最后确定硝酸与冰醋酸体积比为 1:2 条件下，2-羟基-4-甲氧基苯乙酮能溶解，且反应能顺利进行。

此反应为硝化过程，温度对反应的选择性会产生影响，因此对反应温度进行了考察。分别在 5，10，20℃条件下进行反应，结果发现，温度升高，反应收率基本无变化，但是温度升高，达到反应完全所需的时间缩短（如表 3-1 所示）。因此，选择在 20℃下进行反应是合适的。

表 3-1　　　　　　　不同反应温度对时间和收率的影响

反应温度/℃	需要反应时间/h	收率/%
5	84	68.1
10	48	67.5
20	24	71.6

产物 2-羟基-4-甲氧基-5-硝基苯乙酮的提纯采用热水结晶，按照此法提纯后，收率为 39.4%。对提纯方法进行改进，利用杂质量少，在水中溶解度大的特点，首先用最少量的丙酮（50 mL）在室温下将粗产品溶解，然后加入大量的冷水（1000 mL），析出黄色絮状沉淀，抽滤后得到白色针状晶体。收率比水结晶法有较大的提高。

提纯采用丙酮溶解、加水析出的方法，简便而且收率较高。最后得到白色针状晶体。

化合物 3-20 的结构表征如下。

在化合物 3-20 的红外光谱（KBr）图（图 3-37）中，3445 cm^{-1} 有羟基伸

缩振动吸收，1644 cm^{-1}处有羰基（C＝O）伸缩振动吸收，1531 cm^{-1}和
1320 cm^{-1}分别有硝基（NO$_2$）不对称伸缩振动吸收和对称伸缩振动吸收。

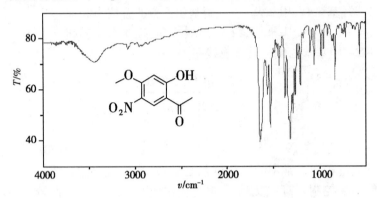

图 3 - 37　化合物 3 - 20 的红外光谱图

在化合物 3 - 20 的质谱（API - ES Negative）图（图 3 - 38）中，m/z 为
210.1 处有准分子离子峰 [M - H]$^-$，m/z 为 246.0 处有 [M + Cl]$^-$ 峰，相对分子
量 211.1。

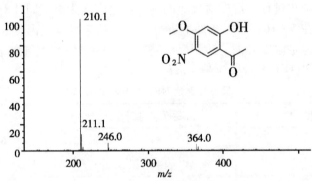

图 3 - 38　化合物 3 - 20 的质谱图

通过 IR 谱图、MS 谱图鉴定，化合物 3 - 20 的结构正确。

（2）2′ - 羟基 - 4′ - 甲氧基 - 5′ - 硝基查尔酮（3 - 21）的合成与表征

以 2 - 羟基 - 4 - 甲氧基 - 5 - 硝基苯乙酮（3 - 20）和苯甲醛为原料，
Claisen - Schmidt 缩合生成查尔酮化合物 3 - 21，反应方程为

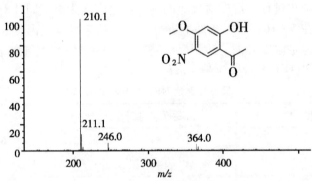

3—20　　　　　　　　　　　　　　　　　　3—21

　　Ankhiwala 等[24]报道此类缩合反应均是先将苯乙酮与醛加入三口烧瓶，然后加入乙醇，向混合物中滴加碱液，反应时间需 72~96 h。先在碱性条件下将苯乙酮转化成亚甲基负离子，再加入醛，会更有利于反应进行。同时，在碱性条件下，醛会发生坎尼扎罗反应，自身氧化还原，所以加入的醛要相对过量，保证苯乙酮全部转化。

　　化合物 3-21 的结构表征如下。

　　在化合物 3-21 的红外光谱（KBr）图（图 3-39）中，3432 cm^{-1}处有羟基伸缩振动吸收，1638 cm^{-1}处有羰基（C=O）伸缩振动特征吸收，1526 cm^{-1}和1328 cm^{-1}处有硝基（NO$_2$）的不对称伸缩振动吸收和对称伸缩振动吸收。

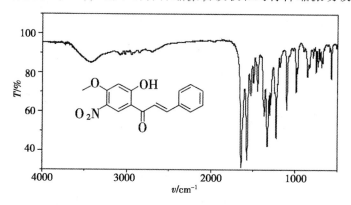

图 3-39　化合物 3-21 的红外光谱

　　在化合物 3-21 的质谱图（API-ES Negative）（图 3-40）中，m/z 为298.0 处有准分子离子峰 [M-H]$^-$，m/z 为 334.0 处有 [M+Cl]$^-$峰，相对分子质量 299.0。

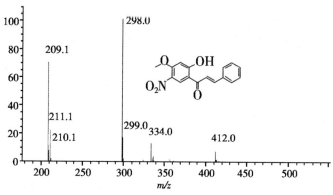

图 3-40　化合物 3-21 的质谱图

在化合物 3 - 21 的 ^{1}H NMR 谱（CDCl$_3$）图（图 3 - 41）中，δ 4.04（3H，s，–OCH3）；δ 6.57（1H，s，H3'）；δ 7.48～7.49（3H，m，H3''，4''，5''）；δ 7.58（1H，d，J = 15.6 Hz，H2）；δ 7.71～7.73（2H，m，H2''，6''）；δ 8.00（1H，d，J = 15.6 Hz，H3）；δ 8.72（1H，s，H6'）；δ 13.81（1H，s，–OH）。

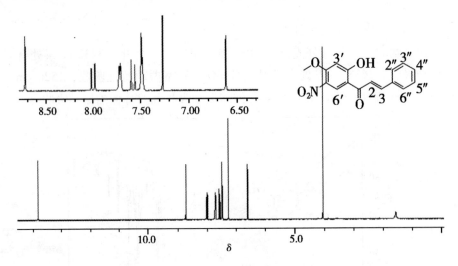

图 3 - 41　化合物 3 - 21 的 ^{1}H NMR 谱图

通过 IR 谱图、MS 谱图、^{1}H NMR 谱图鉴定，化合物 3 - 21 结构正确。

（3）　4 - N，N - 二甲氨基 - 2' - 羟基 - 4' - 甲氧基 - 5' - 硝基查尔酮（3 - 22）的合成与表征

为了研究供电性取代基对发色体系以及染色性能的影响，又用对二甲氨基苯甲醛与 2 - 羟基 - 4 - 甲氧基 - 5 - 硝基苯乙酮缩合，制取查耳酮。以下所示反应也是克莱森 - 施密特缩合反应，但是因为对位 N，N - 二甲氨基的供电子效应影响，使得醛羰基碳原子缺电子性降低，导致反应速率降低。与前一反应相比，此反应需要的时间要长。

3-20　　+　　　　 $\xrightarrow[\text{EtOH, r.t. 24h}]{40\%\text{KOH/H}_2\text{O}}$ 　　　3-22

化合物 3 - 22 的结构表征如下。

在化合物 3 - 22 的红外光谱（KBr）图（图 3 - 42）中，3434 cm^{-1}处有羟基伸缩振动吸收，1629 cm^{-1}处有羰基（C＝O）伸缩振动特征吸收，1531 cm^{-1}和 1324 cm^{-1}处有硝基（NO$_2$）的不对称伸缩振动吸收和对称伸缩振动吸收。

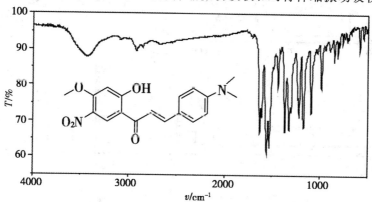

图 3 - 42　化合物 3 - 22 的红外光谱图

在化合物 3 - 22 的质谱（API - ES Negative）图（图 3 - 43）中，m/z 为 341.0 处有准分子离子峰 [M - H]$^-$，m/z 为 377.0 处有 [M + Cl]$^-$峰，相对分子量 342.0。

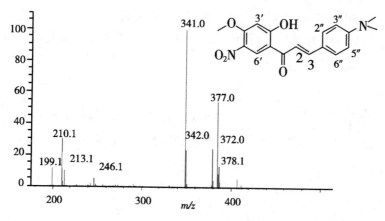

图 3 - 43　化合物 3 - 22 的质谱图

在化合物 3 - 22 的^{1}H NMR 谱（400 MHz，CDCl$_3$）图（图 3 - 44）中，δ3.10（6H，s，- N（CH$_3$）$_2$）；δ 4.02（3H，s，- OCH$_3$）；δ 6.57（1H，s，H$_{3'}$）；δ 6.79（2H，d，J = 8.4 Hz，H$_{3'',5''}$）；δ 7.35（1H，d，J = 14.8 Hz，H$_2$）；δ 7.62

$(2H, d, J = 8.4 Hz, H_{2'',6''})$；$\delta 7.97$ $(1H, d, J = 14.8 Hz, H_3)$；$\delta 8.71$ $(1H, s, H_{6'})$；$\delta 14.32$ $(1H, s, -OH)$。

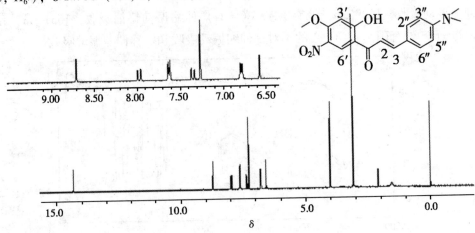

图 3–44 化合物 3–22 的 ^{1}H NMR 谱图

元素分析（$C_{18}H_{18}N_2O_5$）计算值：C，63.15；H，5.30；N，8.18；实测值：C，63.51；H，5.39；N，8.45。

通过 IR 谱、MS 谱、^{1}H NMR 谱和元素分析进行分析鉴定，说明化合物 3–22 的结构是正确的。

（4）7–甲氧基–6–硝基黄酮（3–23）的合成与表征

在 I_2–DMSO–H_2SO_4 体系中，以查尔酮 3–21 为原料，氧化闭环得到 7–甲氧基–6–硝基黄酮黄酮。反应方程式为

化合物 3–23 的结构表征如下。

在化合物 3–23 的红外光谱（KBr）图（图 3–45）中，1630 cm^{-1} 处有羰基（C＝O）振动吸收峰，在 1531 cm^{-1} 和 1352 cm^{-1} 处分别有硝基（NO_2）的不对称伸缩振动吸收和对称伸缩振动吸收。因为黄酮化合物结构中羰基、C＝C 双键与苯环形成大的共轭体系，所以振动吸收峰的位置出现在相对低波数处。

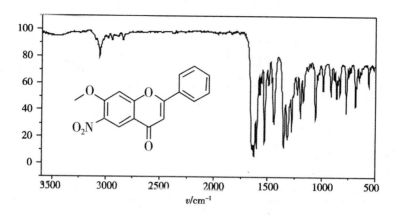

图 3 - 45　化合物 3 - 23 的红外光谱

从化合物 3 - 23 的质谱（API - ES Positive）图（图 3 - 46）中，可以看出 m/z 为 298.0 处有准分子离子峰 $[M + H]^+$，m/z 为 320.1 处 $[M + Na]^+$ 峰，相对分子量 297.0。

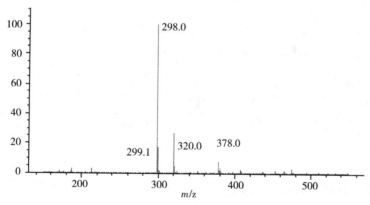

图 3 - 46　化合物 3 - 23 的质谱图

在化合物 3 - 23 的 ^{1}H NMR 谱（400 MHz, CDCl$_3$）图（图 3 - 47）中，δ4.09（3H, s, - OCH$_3$）；δ6.80（1H, s, H$_3$）；δ7.15（1H, s, H$_8$）；δ7.55 ~7.57（3H, m, H$_{3',4',5'}$）；δ7.90 ~7.92（2H, m, H$_{2',6'}$）；δ8.72（1H, s, H$_5$）。

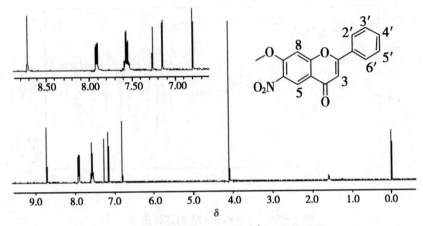

图 3-47　化合物 3-23 的 ^{1}H NMR 谱图

通过 IR 谱、MS 谱、^{1}H NMR 谱进行分析鉴定，说明化合物 3-23 的结构是正确的。

3.1.4　3-羟基-7-甲氧基-6-硝基黄酮的合成与表征

查尔酮 3-21 在 EtOH/H$_2$O 中，氢氧化钠和过氧化氢存在下，温度为 0℃，氧化闭环生成 3-羟基-7-甲氧基-6-硝基黄酮，反应方程式为

此反应机理为 Algar - Flynn - Oyamada（AFO）反应，具体描述如式下所示。

可能发生的副反应如下所示。

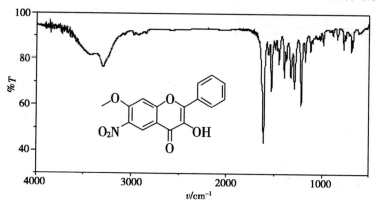

有关文献[25]在室温下进行反应，结果在室温下有两种产物生成，经过结晶提纯，得到主产物为化合物 3 - 24，推测有副产物噢呀生成。控制反应在低温下进行，希望减少副反应的发生。当反应温度降至 0℃，在冰水浴中进行时，通过薄层色谱检测，副产物极少。

化合物 3 - 24 的结构表征如下。

在化合物 3 - 24 的红外光谱（KBr）图（图 3 - 48）中，3302 cm^{-1} 处有羟基伸缩振动吸收峰，1614 cm^{-1} 处有羰基（C = O）伸缩振动特征吸收，1533 cm^{-1} 和 1330 cm^{-1} 处分别有硝基（NO_2）的不对称伸缩振动吸收和对称伸缩振动吸收。

图 3 - 48　化合物 3 - 24 的红外光谱图

在化合物 3 - 24 的质谱（APCI Negative）图（图 3 - 49）中可以看到，m/z 为 312.0 处有准分子离子峰 [M - H]⁻，m/z 为 348.0 的峰为 [M + Cl]⁻ 峰，相对分子量 313.0。

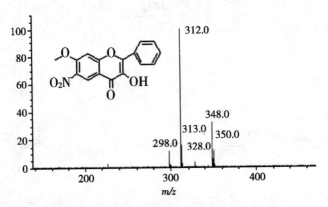

图 3 - 49 化合物 3 - 24 的质谱图

在化合物 3 - 24 的 ¹H NMR 谱（400 MHz，CDCl₃）图（图 3 - 50）中，δ4.09（3H，s，- OCH₃）；δ 6.93（1H，s，- OH）；δ 7.15（1H，s，H8）；δ 7.51 ~ 7.57（3H，m，H₃′,₄′,₅′）；δ8.21 ~ 8.24（2H，m，H₂′,₆′）；δ8.76（1H，s，H₅）。

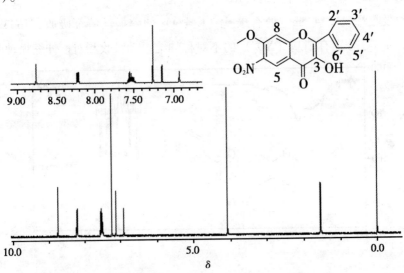

图 3 - 50 化合物 3 - 24 的 ¹H NMR 谱图

元素分析（$C_{16}H_{11}NO_6$）计算值：C，61.35；H，3.54；N，4.47；实测值：C，61.28；H，3.51；N，4.39。

通过 IR 谱图、MS 谱图、^{1}H NMR 谱图和元素分析进行结构鉴定表征，说明化合物 3－24 的结构正确。

3.1.5 4′－N，N－二甲氨基－7－甲氧基－6－硝基黄酮的合成与表征

查尔酮 3－22 在 I_2－DMSO－H_2SO_4 体系中氧化闭环生成 4′－N，N－二甲氨基－7－甲氧基－6－硝基黄酮。反应方程式为

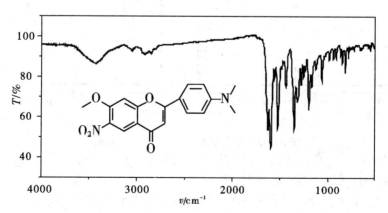

3－22 I_2－DMSO－H_2SO_2 80℃，30 min   3－25

化合物 3－25 的结构表征如下。

在化合物 3－25 的红外光谱（KBr）图（图 3－51）中，1625cm^{-1} 处有羰基（C＝O）伸缩振动特征吸收；1523 cm^{-1} 和 1351 cm^{-1} 处分别有硝基（NO_2）的不对称伸缩振动吸收和对称伸缩振动吸收。

图 3－51　化合物 3－25 的红外光谱图

在化合物 3－25 的质谱（API－ESPositive）图（图 3－52）中，m/z 为 341.1 处有准分子离子峰［M＋H］$^+$，m/z 为 363.1 的峰为［M＋Na］$^+$ 峰，m/z 为 703.3 的峰为［2M＋Na］$^+$ 加合离子峰，相对分子量 340.1。

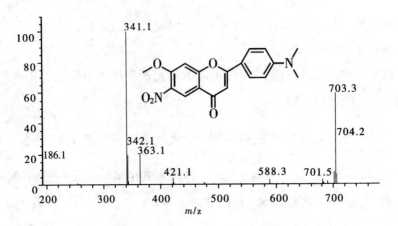

图 3 – 52 化合物 3 – 25 的质谱图

在化合物 3 – 25 的 ^{1}H NMR（400MHz，CDCl$_3$）谱图（图 3 – 53）中，δ3.09（6H，s，– N（CH$_3$）$_2$），δ4.08（3H，s，– OCH$_3$），δ6.64（1H，s，H$_3$），δ6.76（2H，d，J = 9.2 Hz，H$_{3',5'}$），δ7.09（1H，s，H$_8$），δ7.78（2H，d，J = 9.2 Hz，H$_{2',6'}$），δ8.70（1H，s，H$_5$）。

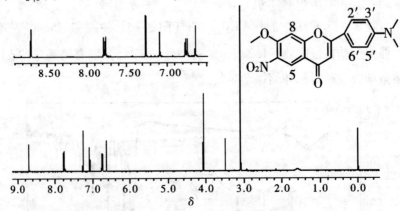

图 3 – 53 化合物 3 – 25 的 ^{1}H NMR 谱图

元素分析（C$_{18}$H$_{16}$N$_2$O$_5$）计算值：C，63.52，H，4.74，N，8.23；实测值：C，63.36，H，4.81，N，8.25。

通过 IR 谱图、MS 谱图、^{1}H NMR 谱图和元素分析进行结构鉴定与表征，说明化合物 3 – 25 的结构正确。

3.1.6 4′ – N，N – 二甲氨基 – 3 – 羟基 – 7 – 甲氧基 – 6 – 硝基黄酮的合成与表征

查尔酮 3 – 22 在 H$_2$O$_2$ – NaOH 体系中，氧化闭环生成 4′ – N，N – 二甲氨基

–3–羟基–7–甲氧基–6–硝基黄酮。反应方程式为

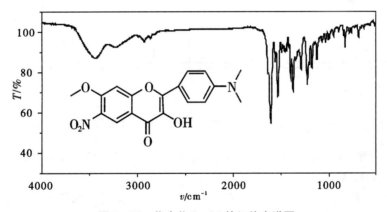

化合物3–26的结构表征如下。

在化合物3–26的红外光谱（KBr）图（图3–54）中，3434 cm⁻¹处有羟基的伸缩振动吸收峰，1602 cm⁻¹处有羰基（C＝O）伸缩振动特征吸收，1531 cm⁻¹和1369 cm⁻¹处分别有硝基（NO₂）的不对称伸缩振动吸收和对称伸缩振动吸收。

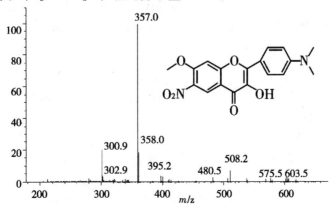

图3–54 化合物3–26的红外光谱图

在化合物3–26的质谱（APCI Positive）图（图3–55）中，m/z为357.0处有准分子离子峰［M＋H］⁺，相对分子量356.0。

图3–55 化合物3–26的质谱图

在化合物 3 – 26 的 ^{1}H NMR 谱（400 MHz，CDCl$_3$）图（图 3 – 56）中，δ3.10（6H，s，–N（CH$_3$）$_2$），δ4.08（3H，s，–OCH$_3$），δ6.82（1H，s，–OH），δ6.87（2H，d，J = 8.8Hz，H$_{3',5'}$），δ7.11（1H，s，H$_8$），δ8.16（2H，d，J = 8.8Hz，H$_{2',6'}$），δ8.74（1H，s，H$_5$）。

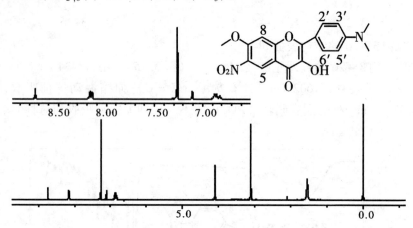

图 3 – 56　化合物 3 – 26 的 ^{1}H NMR 谱图

元素分析（C$_{18}$H$_{16}$N$_2$O$_6$）计算值：C，60.67；H，4.53；N，7.86；实测值：C，60.56；H，4.67；N，7.85。

通过 IR 谱图、MS 谱图、^{1}H NMR 谱图和元素分析进行结构鉴定与表征，说明化合物 3 – 26 的结构正确。

3.1.7　6 – 氨基 – 7 – 甲氧基黄酮的合成与表征

保险粉（连二亚硫酸钠）具有较强的还原能力，并且不会对羰基产生影响，所以用保险粉做还原剂，硝基黄酮还原为氨基黄酮。反应方程式为

$$3-23 \quad +Na_2S_2O_4 \quad \xrightarrow[\text{rcflux,5h}]{\text{EtOH/H}_2\text{O}} \quad 3-27$$

此反应中，保险粉将硝基还原，自身被氧化成 +4 价的 S（Ⅳ）。

在还原过程中，需要注意的是，为了保证硝基还原彻底，保险粉要过量，并且分批加入。用薄层色谱检测反应进程，当原料消失后，继续回流 1 h，也是确保原料反应完全。反应结束后，减压蒸馏出乙醇，然后加入浓盐酸回流，让过量

的保险粉参加反应，直至无刺激性的二氧化硫气体放出。

化合物 3 - 27 的结构表征如下。

在化合物 3 - 27 的红外光谱（KBr）图（图 3 - 57）中，3471 cm^{-1} 和 3349 cm^{-1} 处有氨基（NH_2）的不对称伸缩振动和对称伸缩振动吸收峰，1627 cm^{-1} 处有羰基（C＝O）伸缩振动吸收峰。

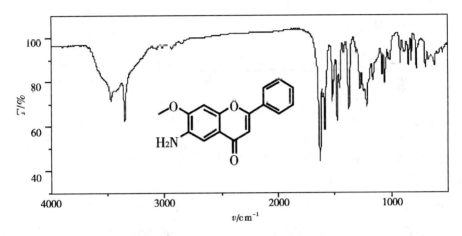

图 3 - 57　化合物 3 - 27 的红外光谱

在化合物 3 - 27 的质谱(API - ES Posotive)图(图 3 - 58)中，m/z 为 268.0 处有分子离子峰 $[M+H]^+$，m/z 为 290.0 的峰为 $[M+Na]^+$ 峰，m/z 为 535.2 的峰为 $[2M+H]^+$ 峰，m/z 为 557.0 的峰为 $[2M+Na]^+$ 峰，相对分子量 267.0。

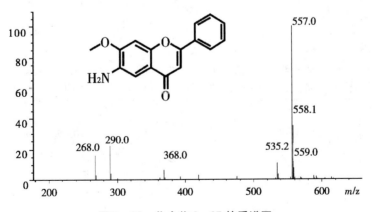

图 3 - 58　化合物 3 - 27 的质谱图

在化合物 3 - 27 的 ^1H NMR（400MHz，$CDCl_3$）谱图（图 3 - 59）中，δ4.00（3H，s，－OCH_3），δ6.76（1H，s，H_3），δ6.93（1H，s，H_8），δ7.41（1H，s，H_5），δ7.50～7.52（3H，m，$H_{3',4',5'}$），δ7.89～7.91（2H，m，$H_{2',6'}$）。

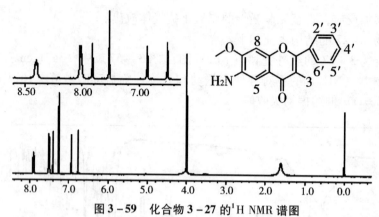

图 3 – 59　化合物 3 – 27 的 ^{1}H NMR 谱图

元素分析（$C_{16}H_{13}NO_3$）计算值：C，71.90；H，4.90；N，5.24；实测值：C，71.78；H，4.86；N，5.53。

通过 IR 谱图、MS 谱图、^{1}H NMR 谱图以及元素分析，说明化合物 3 – 27 结构正确。

3.1.8　6 – 氨基 – 3 – 羟基 – 7 – 甲氧基黄酮的合成与表征

3 – 羟基 – 7 – 甲氧基 – 6 – 硝基黄酮用保险粉还原为 6 – 氨基 – 3 – 羟基 – 7 – 甲氧基黄酮。反应方程式为

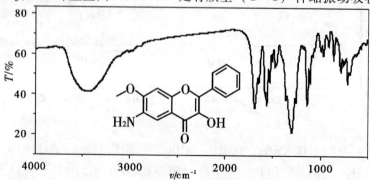

化合物 3 – 28 的结构表征如下。

在化合物 3 – 28 的红外光谱（KBr）图（图 3 – 60）中，3434 cm^{-1} 处（宽峰，NH_2，OH 峰重叠），1589 cm^{-1} 处有羰基（C＝O）伸缩振动吸收峰。

图 3 – 60　化合物 3 – 28 的红外光谱图

在化合物 3 - 28 的质谱（APCI，正模式）图（图 3 - 61）中，m/z 为 284.0 处有准分子离子峰［M + H］$^+$，相对分子量 283.0。

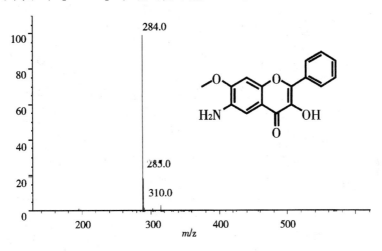

图 3 - 61　化合物 3 - 28 的质谱图

在化合物 3 - 28 的 ^{1}HNMR（400MHz，D$_2$O）谱图（图 3 - 62）中，δ3.68（3H，s，- OCH$_3$），δ6.75（1H，s，H$_8$），δ7.25 × 10 - 6 ~ 7.27（3H，m，H$_{3',4',5'}$），δ7.63（1H，s，H$_5$），δ7.76 ~ 7.78（2H，m，H$_{2',6'}$）。

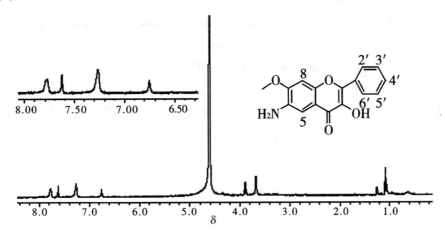

图 3 - 62　化合物 3 - 28 的 ^{1}H NMR 谱图

元素分析（C$_{16}$H$_{13}$NO$_4$）计算值：C，67.84；H，4.63；N，4.94；实测值：C，67.91；H，4.53；N，4.90。

通过 IR 谱图、MS 谱图、^{1}H NMR 谱图以及元素分析，说明化合物 3 - 28 结构正确。

3.1.9   6－氨基－4′－N，N－二甲氨基－7－甲氧基黄酮的合成与表征

4′－N，N－二甲氨基－7－甲氧基－6－硝基黄酮用保险粉还原为6－氨基－4′－N，N－二甲氨基－7－甲氧基黄酮。反应方程式为

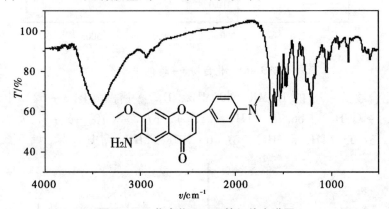

化合物3－29的结构表征如下。

在化合物3－29的红外光谱（KBr）图（图3－63）中，3422 cm^{-1}处有 NH$_2$ 的吸收峰，1607 cm^{-1}处有羰基（C＝O）的吸收峰。

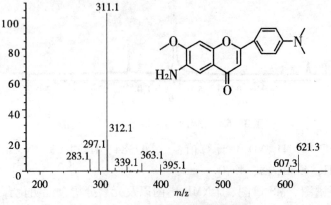

图3－63   化合物3－29的红外光谱图

在化合物3－29的质谱（APCIPositive）图（图3－64）中，m/z 为311.1 处有准分子离子峰 [M＋H]$^+$，m/z 为621.3 的峰为 [2M＋H]$^+$ 峰，相对分子量310.1。

图3－64   化合物3－29的质谱图

在化合物 3-29 的 ^{1}H NMR （400MHz，CDCl$_3$）谱图（图 3-65）中，δ3.06（6H，s，-N（CH$_3$）$_2$），δ3.98（3H，s，-OCH$_3$），δ6.63（1H，s，H$_3$），δ6.75（2H，d，J = 7.2Hz，H$_{3',5'}$），δ6.90（1H，s，H$_8$），δ7.41（1H，s，H$_5$），δ7.78（2H，d，J = 7.2Hz，H$_{2',6'}$）。

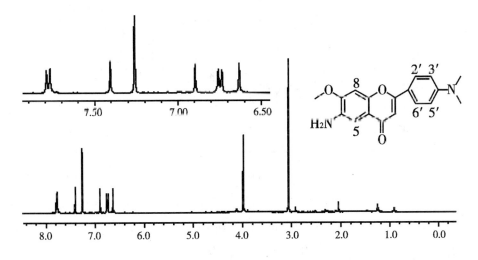

图 3-65 化合物 3-29 的 ^{1}H NMR 谱图

元素分析（C$_{18}$HM$_{18}$N$_2$O$_3$）计算值：C，69.66；H，5.85，N，9.03；实测值：C，69.81；H，5.81；N，8.92。

通过 IR 谱图、MS 谱图、^{1}H NMR 谱图以及元素分析，说明化合物 3-29 结构正确。

3.1.10 6-氨基-4'-N，N-二甲氨基-3-羟基-7-甲氧基黄酮的合成与表征

4'-N，N-二甲氨基-3-羟基-7-甲氧基-6-硝基黄酮用保险粉还原为 6-氨基-4'-N，N-二甲氨基-3-羟基-7-甲氧基黄酮。反应方程式为

化合物3-30的结构表征如下。

在化合物3-30的红外光谱（KBr）图（图3-66）中，3300~3500 cm^{-1}处有宽的吸收峰，为NH$_2$，OH吸收峰重叠；1604 cm^{-1}处有羰基C=O的吸收峰。

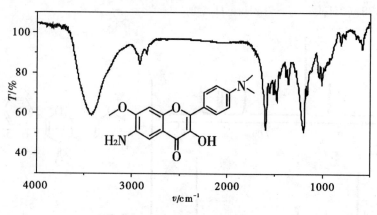

图3-66　化合物3-30的红外光谱

化合物3-30的质谱（APCI Positive）图（图3-67）中，m/z为327.0处有准分子离子峰 [M+H]$^+$，相对分子量326.0。

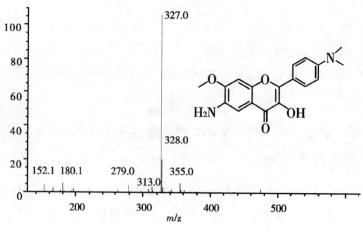

图3-67　化合物3-30的质谱图

在化合物3-30的^{1}H NMR（400MHz，DMSO-d_6）谱图（图3-68）中，δ3.03（6H，s，-N（CH$_3$）$_2$），δ3.97（3H，s，-OCH$_3$），δ5.12（2H，s，-NH），δ6.85（2H，d，J=7.2Hz，H$_{3',5'}$），δ7.16~7.19（2H，m，H$_{5,8}$），δ8.10（2H，d，J=7.2Hz，H$_{2',6'}$），δ8.776（1H，s，-OH）。

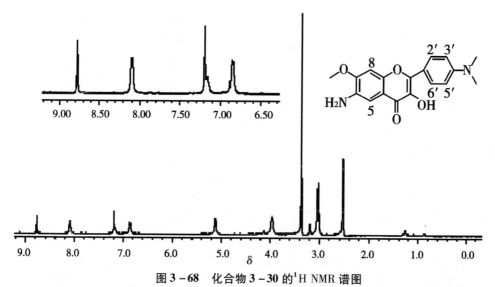

图3-68 化合物3-30的^{1}H NMR谱图

元素分析（$C_{18}H_{18}N_2O_4$）计算值：C，66.25；H，5.56，N，8.58；实测值：C，66.42；H，5.68；N，8.35。

通过 IR 谱图、MS 谱图、^{1}H NMR 谱图和元素分析，说明化合物3-30结构正确。

3.2 涤纶纤维的染色

黄酮类化合物是一种使用广泛的天然染料，作者通过用不同的取代基修饰黄酮母体结构，希望能够改善天然染料的不足，提高黄酮类化合物作为染料的应用性能。

3.2.1 染色特性

本书所述的合成黄酮类化合物具有较小的水溶性，所以适合用做分散染料对涤纶纤维染色。

分散染料的结构中不含如 – SO_3H， – COOH 等水溶性基团，而具有一定数量的非离子性基团，如 – OH， – NH_2， – NHR 等。这些基团的存在决定了分散染料在染色条件下具有一定的微溶性，但是仍然必须依靠分散剂才能均匀地分散在染浴中。分散染料的低水溶性是一个十分重要的性质，因为溶解了的染料分子更容易进入涤纶微隙，在纤维内部进行扩散、附着，使其着色。分散剂可以提高染料在水中的分散性，但是分散染料在水中的溶解度不能太大，否则不易对涤纶染色。

分散染料对涤纶的染色过程为：首先，分散染料在水中以微小颗粒呈分散状态存在，而染料微小晶体、染料聚集体、分散剂胶束中的染料和染浴中的染料分子处于相互平衡之中。染色时，染料分子吸附在纤维表面，最后进入纤维空隙而向内部扩散。决定染色作用的基本因素是染料的相对亲和力、扩散特性和结合能力。分散染料在涤纶中的扩散阻力很大，因此要在高温下进行染色。

分散染料对涤纶的染色主要依靠分子间范德华力相互吸引。由于染料分子结构上某些极性基团如 $-OH$，$-NH_2$，$-NHR$ 等的存在可以供给质子，与涤纶分子中的羰基 $C=O$ 可以形成氢键结合。此外，染料分子上供电子基团与吸电子基团使染料分子偶极化，这样与纤维羰基 $C=O$ 基团形成偶极矩。

涤纶无定形区约占 40%。无定形区和结晶区边缘都可能与染料结合。分散染料在涤纶上的染色饱和值是很高的，可以染得深色。但在实际中，要获得深色，需要消耗大量的分散染料，因此染深色时分散染料的利用率较低，也就是说，染得色深与耗用染料的数量不是直线关系，这就是染料提升力的问题。造成这种染色困难的主要原因是涤纶分子结构太紧密，阻碍染料分子的扩散。

涤纶和分散染料之间的亲和力比聚酰胺与酸性染料之间和腈纶与阳离子染料之间亲和力要小，所以要达到匀染的效果，从理论上来讲，是比较容易的。在染色过程中，染料的迁移性对减少色差有显著的影响。在染料迁移性较低时，可以加入助剂，促进染料迁移。这类助剂如分散剂 NNO 等，一般可以提高迁移率 20% 左右，其基本作用在于改变染料在纤维与水间的分配关系。

3.2.2　染料的吸收光谱

选择化合物 3-22，3-25，3-26，3-29 和 3-30 作为分散染料进行对涤纶的染色试验。在 DMF 溶剂中，测试各黄酮类化合物在其中的最大吸收波长和摩尔消光系数（如表 3-2 所示）。

表 3-2　　　　　黄酮类化合物在 DMF 溶剂中的吸收光谱

化合物	λ_{max}/nm	$\varepsilon/L \cdot mol^{-1} \cdot cm^{-1}$
化合物 3-22	446	7.1×10^4
化合物 3-25	394	3.7×10^4
化合物 3-26	413	2.5×10^4
化合物 3-29	373	6.8×10^4
化合物 3-30	386	1.5×10^4

从表 3-2 可以看出，合成的黄酮类化合物具有较高的摩尔消光系数。

3.2.3 最佳染色条件的确定

以化合物 3 – 26 为代表，进行最佳染色条件考察实验。

考察染色温度对竭染率的影响时，根据一般分散染料的染色条件，其他各项暂确定为浴比 1:20，色度 1%，保温时间 1 h。结果如图 3 – 69 所示。

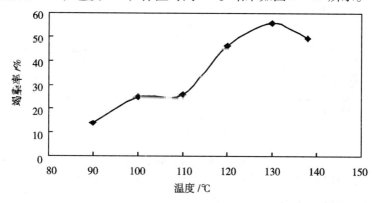

图 3 – 69　温度对竭染率的影响

从结果可以看出，随着温度升高，竭染率逐渐增加，当温度达到 130℃ 时，染料与纤维的亲和力最强，竭染率达到最大值。温度继续升高，不利于染料在纤维上的吸附，导致竭染率降低。所以，确定 130℃ 为最佳染色温度。

确定了最佳染色温度后，考察保温时间对染料竭染率的影响。染色工艺条件为温度 130℃，浴比 1:20，色度 1%。结果如图 3 – 70 所示。

从结果可以看出，在开始阶段，随着保温时间的延长，染料在纤维上的吸附量增加，1.5 h 时吸附量达到最大，竭染率最高，为 58.6%。时间继续延长，染料吸附量反而呈现下降趋势，2.5 h 后趋于稳定。确定 1.5 h 为最佳染色时间。

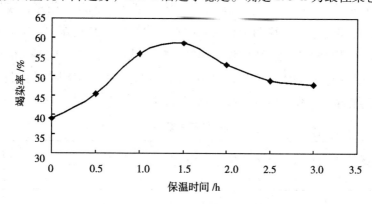

图 3 – 70　保温时间对竭染率的影响

考察色度影响。选择了 6 个不同的色度进行对比，染色条件为温度 130℃，保温 1.5 h，浴比 1:20。结果如图 3-71 所示。

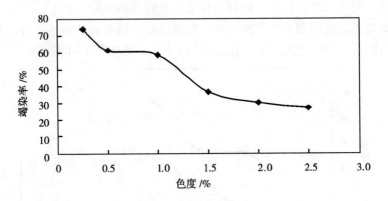

图 3-71　色度对竭染率的影响

从结果中可以看出，当色度从 2.5% 降低到 0.25% 的过程中，竭染率逐渐提高。所以选择色度为 0.25% 进行染色。

为了考察染液中染料浓度对染色结果是否有影响，因此考察浴比的影响。选择了 3 个常用的浴比条件，其结果如表 3-3 所示。

表 3-3　　　　　　　　　　　　浴比对竭染率的影响

浴比	竭染率/%
1:10	81.1
1:20	74.0
1:30	70.4

从表 3-3 可以看出，在实验条件下，浴比越小，也就是染料浓度越大，染料对纤维的竭染率越高，说明染料的浓度对吸附平衡有影响作用。但是如果浴比继续减小，将影响匀染性，所以没有继续考察，从而选择 1:10 为最佳染色浴比。

根据以上一系列的条件考察，得到了以 4 d 位代表的黄酮分散染料上染涤纶的最佳染色条件，如表 3-4 所示。在此条件下，竭染率为 81.1%。

表 3-4　　　　　　　　　　　　最佳染色条件

温度	保温时间	色度	浴比
130℃	1.5 h	0.25%	1:10

3.2.4　黄酮类分散染料对涤纶纤维染色结果

（1）竭染率

在温度 130℃，保温 1.5 h，色度 0.25%，浴比 1∶10 条件下，用黄酮类分散染料对涤纶纤维进行染色。不同染料在涤纶纤维上的竭染率如表 3-5 所示。

表 3-5　　　　　　　　不同染料对涤纶染色的竭染率

染料	竭染率/%		
	色度 0.25%	色度 0.5%	色度 1%
3-22	99.3	99.3	97.1
3-25	98.0	97.8	97.0
3-26	81.1	65.9	59.8
3-29	—	—	88.0
3-30	—	—	85.5

从表 3-5 可以发现，在色度为 0.25% 时，分散染料 3-22 和 3-25 具有非常高的竭染率，分别达到 99.3% 和 98.0%。而 3-29 和 3-30 两只染料在色度 0.25% 时，染色得到的布样达不到标准色深。

随后，将色度提高到 0.5% 和 1%，研究它们的染色效果。染料 3-29 和 3-30 在色度 0.5% 时，仍达不到标准色深。

从结果可以看出，染料 3-22 和 3-25 在色度为 1% 时，竭染率仍然能够达到 97% 以上；染料 3-26 在色度为 0.25% 时，竭染率为 81.1%，色度大于 0.25% 时，竭染率偏低；染料 3-29 和 3-30 在色度 1% 时，竭染率也在 85% 以上。本书合成的 5 支黄酮类分散染料对涤纶具有非常高的竭染率。由于合成染料的纯度高，有望解决天然染料染色重现性差、染色不易均匀的问题。

（2）K/S 值

对不同染料染色布样 K/S 值进行测定，结果如表 3-6 所示。

表 3-6　　　　　　　　不同染料染色布样的 K/S 值

染料	K/S		
	色度 0.25%	色度 0.5%	色度 1%
3-22	10.19	15.85	18.08
3-25	8.99	13.79	16.61
3-26	6.20	7.28	8.24
3-29	—	—	14.54
3-30	—	—	11.70

从表3-6可以看出，除染料3-26在不同色度下染色得到的布样K/S值较小以外，其他几只染料都能达到较高的K/S值。染料的摩尔消光系数大，染料3-22和3-25在色度0.25%条件下染色，即能够达到标准1:1色深；染料3-29和3-30在色度1%情况下也可达到标准1:1色深。当染色时色度增加，得到的布样K/S值也大幅度增加。染料3-22的色度为0.5%和1%时，K/S值分别为15.85和18.08；染料3-25的色度为0.5%和1%时，K/S值分别为13.79和16.61。有关文献报道的天然染料（tea）染麻，色度为2%时，K/S值为4.48；色度为5%时，K/S值为6.22[26]。与天然染料相比，合成的染料在色度值较小时，能够达到比天然染料大得多的色深。

（3）牢度测试结果

根据国家标准，对染料的牢度性能进行了测定，包括日晒牢度、升华牢度（180℃）、耐洗牢度和摩擦牢度，结果如表3-7所示。

表3-7　　　　　　　　　　　　　　　染料的牢度性能

染料	日晒	升华180℃		耐洗		摩擦		
		变色	沾色	沾色		变色	干	湿
				棉	涤纶			
3-22	1~2	4	2~3	4~5	4~5	4~5	3~4	4~5
3-25	3	4~5	4	4	4~5	4~5	3~4	4
3-26	1	2	4	4~5	4~5	4	4	4
3-29	2	3~4	4~5	4	4~5	4	3~4	3~4
3-30	1~2	3	4	4~5	4~5	4~5	3~4	4

从牢度测试结果来看，日晒牢度普遍较低，归因于染料母体本身就容易发生光氧化。可以在染色过程中，用抗氧化剂或紫外线吸收剂对纤维进行整理，提高日晒牢度。

决定升华牢度的主要是气化性和染着性，分散染料的升华性主要由染料种类、染色浓度、染色时间、染色温度和纤维种类决定。黄酮类分散染料具有中等的升华牢度。从表3-7可以看出，染料3-25和3-29具有较好的升华牢度。

耐洗牢度与染料的化学结构和纤维与染料的结合状态有关。一方面，对于染料3-29和3-30来说，由于合成的黄酮类化合物中含有-OH或-NH$_2$等基团，可以和涤纶分子中的羰基C=O形成氢键，结合得比较紧密，有利于耐洗牢度提高；另一方面，在染料3-22，3-25，3-26中，同时含有供电子基团-N(CH$_3$)$_2$和吸电子基团-NO$_2$，使染料分子偶极化，这样与纤维基团形成偶极矩。所以染料的耐洗牢度都非常高，达到4~5级。比有关文献报道的黄酮类天然染料牢度提高了1级。

摩擦牢度取决于染色纤维黏附染料的多少，染料与纤维的结合情况，染料渗透的均匀度。如果染料与纤维发生共价键结合，则它的摩擦牢度就高。所合成的黄酮类分散染料中，染料与纤维氢键结合或者形成偶极矩；染料渗能够透到纤维内部，所以都具有中等的摩擦牢度级别，满足分散染料商品化的性能要求。

3.3　涤纶纤维染色实验的一般方法

3.3.1　染液的制备

选择化合物 3－22，3－25，3－26，3－29 和 3－30 作为分散染料对涤纶染色。首先对其进行砂磨分散，以 NNO（亚甲基二萘磺酸钠）作为分散剂，黄酮与分散剂质量比均为 2∶1。在砂磨过程中，用渗圈法检测砂磨效果，无明显水圈时，说明染料分散均匀，砂磨结束。不同化合物需要的砂磨时间如表 3－8 所示。

表 3－8　　　　　　　　　不同化合物需要的砂磨时间

化合物	砂磨时间/h	化合物	砂磨时间/h
化合物 3－22	5	化合物 3－29	5
化合物 3－25	4	化合物 3－30	8
化合物 3－26	8		

3.3.2　竭染率计算以及标准工作曲线方程测定

竭染率是指经过染色后，上染到纤维上的染料总量与投入染浴中染料总含量的百分比。上染到纤维的染料量不易测得，可以用总的染料投入量与染色残液中的染料差值求得。最终求得竭染率是一个比值，染色前投入染料量与染色后残液中残留染料量已知时，即可计算出上色率。

$$\text{竭染率} = \frac{m_0 - m}{m_0} \times 100\%$$

式中，m_0——染色前加入染料质量，g；

　　　m　——染色后残留染料质量，g。

其中染色后残留染料量可以间接测得。

根据朗伯比尔定律，溶液中染料的浓度与吸光度值成正比。但是必须在真溶液中测定染料的吸光。染色前用一系列已知浓度的溶液（溶剂 DMF/H_2O，体积比 1∶1）及其不同浓度下的吸光度值作出染料的标准工作曲线，得到曲线方程。染色过程要在水中进行，但是染料在水中呈分散状态，首先要将染色残液全部收集,配制成 DMF/H₂O(体积比 1∶1)的溶液,并且定容至一定的体积 V,测定其在特定波长下的吸光度值 A,根据工作曲线方程,可以得到相应的染料浓度 c。计算染色后残留染料质量

$$m = c \cdot V \cdot M$$

式中,c——染料浓度,mol/L;

$\qquad$ V——残液定容后的体积,L;

$\qquad$ M——染料的摩尔质量。

(1)化合物 3 – 22 的标准工作取现方程测定

化合物 3 – 22 的标准工作曲线方程如图 3 – 72 所示。

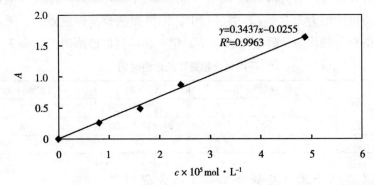

图 3 – 72 化合物 3 – 22 的标准工作曲线方程

化合物 3 – 22 最大吸收波长为 447 nm,从中可以得到直线方程 $y = 0.3437x - 0.0255$,$R^2 = 0.9963$。

(2)化合物 3 – 25 的标准工作曲线方程测定

化合物 3 – 25 的标准工作曲线方程如图 3 – 73 所示。

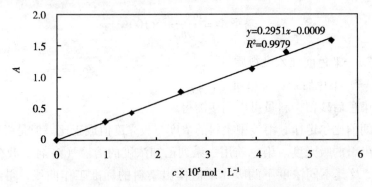

图 3 – 73 化合物 3 – 25 的标准工作曲线方程

化合物 3 - 25 最大吸收波长为 415 nm，从中可以得到直线方程 $y = 0.2951x - 0.0009$，$R^2 = 0.9979$。

（3）化合物 3 - 26 的标准工作曲线方程测定

化合物 3 - 26 的标准工作曲线方程如图 3 - 74 所示。

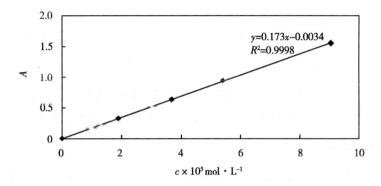

$y = 0.173x - 0.0034$
$R^2 = 0.9998$

图 3 - 74 化合物 3 - 26 的标准工作曲线方程

化合物 3 - 26 最大吸收波长为 429 nm，从中可以得到直线方程 $y = 0.173x - 0.0034$，$R^2 = 0.9998$。

（4）化合物 3 - 29 的标准工作曲线方程测定

化合物 3 - 29 的标准工作曲线方程如图 3 - 75 所示。

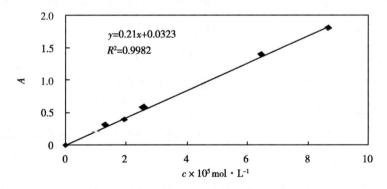

$y = 0.21x + 0.0323$
$R^2 = 0.9982$

图 3 - 75 化合物 3 - 29 的标准工作曲线方程

化合物 3 - 29 最大吸收波长为 397 nm，从中可以得到直线方程 $y = 0.21x + 0.0323$，$R^2 = 0.9982$。

（5）化合物 3 - 30 的标准工作曲线方程测定

化合物 3 - 30 的标准工作曲线方程如图 3 - 76 所示。

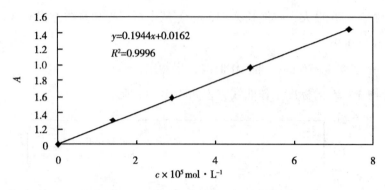

图 3 – 76　化合物 3 – 30 标准工作曲线方程

化合物 3 – 30 最大吸收波长为 406 nm，从中可以得到直线方程 $y = 0.1944x + 0.0162$，$R^2 = 0.9996$。

每次染色后，将染色残液配制成 DMF/H_2O（其体积比为 1:1）溶液，并定容至一定体积。用紫外 – 可见分光光度仪测定溶液的吸光度值，根据上述方程计算出溶液中染料的浓度，最后得到染料染色的竭染率。

3.3.3　染色条件的优化

分散染料染色主要有 3 种方式，即热熔法、高温高压法和载体法。染色使用红外线染色仪，进行高温高压染色。程序设定参数如下。

①升温过程中升温速率为 2℃/min，保温一定时间；

②保温结束后，降温至 50℃，降温速率为 3℃/min。

染色操作步骤如下。

①纤维织物用浓度为 2 g/L 的洗涤剂，按照浴比 1:100，沸煮 10 min。清洗，自然晾干待用。

②配制染液：按照一定的色度计算需要的砂磨后染料质量，移入适当的小烧杯中，按照浴比移取一定体积的水（或缓冲液）倒入小烧杯中，充分分散，配制该染料的分散液。

③将配制好的染液转移至染色管中，加入欲染纤维后，密封好染色管，放入红外线染色仪中，设定升温曲线染色。

④染色完毕后，取出织物，用少量去离子水冲洗，收集残液，配制成 DMF/H_2O（其体积比为1:1）溶液，定容至一定体积，测其特定波长下吸光度值。

为了寻找最佳染色条件，使分散染料具有较高的竭染率，以化合物 3-26 为代表，进行涤纶染色条件考察，包括染色温度、保温时间、色度和浴比等条件。

（1）考察染色温度影响

温度是影响分散染料染色的一个重要因素。考察了涤纶纤维在 90，100，110，120，130 和 138℃不同温度下的竭染率。由于红外线染色仪的极限温度为 140℃，所以考察的最高温度选择了 138℃。根据一般黄色分散染料染涤纶纤维的条件，在温度考察时，其他染色条件为保温 1 h，色度 1%，浴比 1:20。

（2）考察保温时间的影响

保温时间是分散染料染色行为的一个重要参数，确定合适的保温时间，对于确定优化的染色工艺，具有重要的作用。然后在 130℃条件下考察保温时间对竭染率的影响。分别选择了 0，0.5，1，1.5，2，3 h 进行实验。其他条件为色度 1%，浴比 1:20。

（3）考察色度的影响

染料浓度不仅对染料在纤维上的竭染率和染色经济性有重要的影响，而且影响到染色样品的色深。在 130℃，保温 1.5 h，浴比 1:20 条件下，考察了色度为 0.25%，0.5%，1%，1.5%，2% 和 2.5% 时的竭染率。

（4）考察浴比的影响

分别选择浴比为 1:10，1:20，1:30 染色。

3.3.4 黄酮类分散染料染色实验

在最佳染色条件下，用黄酮类分散染料 3-22，3-25，3-26，3-29，3-30 对涤纶纤维进行染色。染色工艺为：以 2℃/min 的升温速率升温至 130℃，保温 90 min，然后以 3℃/min 的降温速率将温度降至 50℃。

染色条件：温度 130℃，保温 1.5 h，色度 0.25%，浴比 1:10。

3.3.5　染色结果评价测试

①K/S 值测定。使用电子测色配色仪测定。

②日晒牢度测定。依据 GB 8427—87 检测方法，用日晒及气候牢度仪进行检测，试样规格为 15 mm×45 mm。

③耐洗牢度测定。依据 GB/T 3921.3—1997 检测方法进行检测，试样规格为 100 mm×40 mm。用含有 5 g/L 标准皂，2 g/L 无水碳酸钠皂液在 60℃皂洗 30 min。

④摩擦牢度测定。依据 GB/T 3920—1997 检测方法，用预置式色牢度摩擦实验仪进行检测，试样规格为 250 mm×50 mm。

⑤耐干热（升华）牢度测定。依据 GB/T 5718—1997 检测方法，用熨烫升华色牢度实验仪进行检测，测试温度 180℃，时间 30 s。试样规格为 100 mm×40 mm。

3.4　抗菌活性

黄酮类化合物对大肠杆菌和金黄色葡萄球菌的抑制作用结果如表 3 - 9 所示。

表 3 - 9　　　　　　　黄酮化合物的抑菌率

化合物	金黄色葡萄球菌/%	大肠杆菌/%
化合物 3 - 23	64	—
化合物 3 - 24	88	90
化合物 3 - 25	—	—
化合物 3 - 26	—	—
化合物 3 - 27	80	35
化合物 3 - 28	80	100
化合物 3 - 29	100	100
化合物 3 - 30	84	50

从表 3 - 9 可以看出，化合物 3 - 29 对大肠杆菌和金黄色葡萄球菌有极强的抑制作用；化合物 3 - 28 对大肠杆菌有极强的抑制作用；化合物 3 - 25 和 3 - 26 样品对大肠杆菌和金黄色葡萄球菌无抑制作用；其余的样品对大肠杆菌和金黄色葡萄球菌有不同的抑制作用或无作用。

图 3 –77 至图 3 –79 为抗菌实验结果部分照片。

化合物 3 –25 对金黄色葡萄球菌抑制作用效果（如图 3 –77 所示）：左侧为经过化合物 3 –25 处理的样品，右侧为未经过化合物 3 –25 处理培养得到的菌落。

图 3 –77　化合物 3 –25 对金黄色葡萄球菌抑制作用效果

从图 3 –77 可以看出，化合物 3 –25 对金黄色葡萄球菌无抑制作用。

化合物 3 –29 对金黄色葡萄球菌抑制作用效果（如图 3 –78 所示）：左侧为经过化合物 3 – 29 处理的样品，右侧为未经过化合物 3 – 29 处理培养得到的菌落。

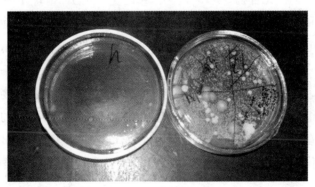

图 3 –78　化合物 3 –29 对金黄色葡萄球菌抑制作用效果

从图 3 –78 可以看出，化合物 3 – 29 对金黄色葡萄球菌有极强的抑制作用，在经过 3 – 29 处理后化合物的培养皿中未见到菌落生长。

化合物 3 – 29 对大肠杆菌抑制作用（如图 3 – 79 所示）：左侧为经过化合物 3 – 29 处理的样品，右侧为未经过化合物 3 – 29 处理培养得到的菌落。

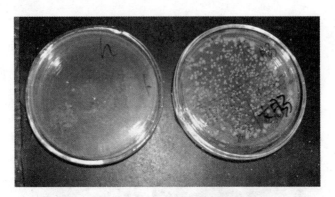

图 3 – 79　化合物 3 – 29 对大肠杆菌抑制作用

图 3 – 79 表明，化合物 3 – 29 对大肠杆菌也有极强的抑制作用，在经过化合物 3 – 29 处理后的培养皿中未见到菌落生长。

黄酮类化合物的抗菌活性受到多种因素的影响，有文献报道过黄酮类化合物的结构与抗菌活性的关系，但是确切的关系目前还难以表述。

比较化合物 3 – 23，3 – 25，3 – 26 和化合物 3 – 27，3 – 29，3 – 30 可以看到，当 6 – 位硝基经过还原变成氨基以后，抗菌活性提高很多。

值得注意的是，在化合物 3 – 27 和 3 – 28 的 4′ – 位引入 N，N – 二甲氨基得到化合物 3 – 29 和 3 – 30 后，化合物 3 – 29 和 3 – 30 都具有很高的抗菌活性。但是类似的情况下，在化合物 3 – 23 和 3 – 24 的 4′ – 位引入 N，N – 二甲氨基得到化合物 3 – 25 和 3 – 26 后，化合物 3 – 25 和 3 – 26 却没有抗菌活性。有关文献报道，取代基的电子效应影响黄酮的抗菌活性。因此可以认为，在 A 环的 6 – 位和 B 环的 4′ – 位同时引入强供电性取代基（例如，6 – 位的氨基与 4′ – 位的 N，N – 二甲氨基）时，可以提高黄酮类化合物的抗菌活性。例如，化合物 3 – 29 在实验过程中未见到细菌生长，对金黄色葡萄球菌和大肠杆菌都有极强的抑制作用。与此相反，同时在 A 环的 6 – 位引入强吸电性取代基（如硝基）和 B 环的 4′ – 位引入强供电性取代基（如 N，N – 二甲氨基），则会大大降低黄酮类化合物的抗菌活性。

另外，还可以看出，引入 3 – 羟基后，黄酮醇（3 – 羟基黄酮）3 – 24 和 3 – 28 对大肠杆菌的抑制作用要比相应的黄酮 3 – 23 和 3 – 27 强，对大肠杆菌的抑制率分别从 0 提高到 90%，从 35% 提高到 100%。但是在含有 N，N – 二甲氨基的 3 – 25 和 3 – 29 中引入 3 – 羟基，并没有提高其抗菌活性。也就是说，在 4′ – 位不含有供电性取代基的时候，3 位羟基能够对抗菌活性的提高有作用。

综上所述，在所合成的黄酮化合物中，部分对金黄色葡萄球菌和大肠杆菌有较好的抑制作用。在结构与活性的关系方面，可以推测，在 3 位不含取代基情况下，A 环的 6 位与 B 环的 4′-位同时含有强供电性取代基，黄酮的抗菌活性会得到提高。化合物 3-29 对金黄色葡萄球菌和大肠杆菌都有很高的抑制作用。

3.5　含黄酮结构可交联高分子染料的合成与应用

为了使合成含有黄酮结构的染料具有水溶性，并且对棉和丝绸的染色具有高固色率，设计合成了含有黄酮类发色体的可交联高分子染料，并考察了其染色性能。在合成过程中，发现了碱性水溶液中由 1, 3-丙二酮衍生物合成 A 环带有羟基的黄酮化合物的新方法。用 1% 的氢氧化钠水溶液处理带有芳酰氧基的 1, 3-丙二酮衍生物，可以直接生成 A 环带有羟基的黄酮化合物。该方法为合成 A 环带有羟基的黄酮化合物提供了新的途径。7-羟基黄酮与对硝基苯胺重氮盐偶合生成含黄酮结构的偶氮化合物，该产物经氯磺化后，与聚乙烯胺反应，得到含 7-羟基黄酮结构的可交联高分子染料，并应用该染料对丝绸和棉进行了交联染色。

目前，黄酮类化合物的合成方法有很多，包括 Allan-Robinson 合成法[27]、Baker-Venkataraman 重排法[28]、查耳酮路线合成法[29] 和分子内 Wittig 重排法[30] 等。在这些方法中，Baker-Venkataraman 重排法是一种被广泛采用的方法。其基本路线为

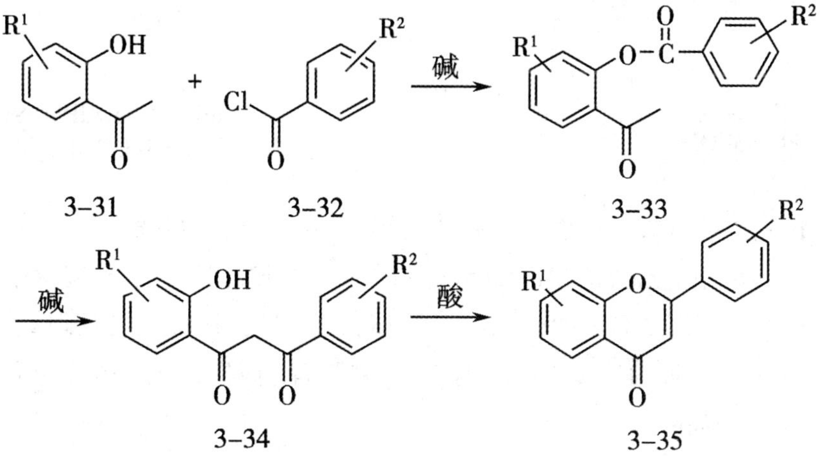

值得注意的是，在传统的 Baker-Venkataraman 重排法中，1，3－丙二酮衍生物闭环生成相应的黄酮的反应通常是在酸性介质中进行的，比如 AcOH/H_2SO_4[31－34]，AcONa/AcOH[30]，TosOH[35] 和 AcOH/HCl[36]。然而，在碱性条件下，1，3－丙二酮闭环的反应却鲜见文献报道。曾有文献报道使用 *t*－BuOK[37] 或 K_2CO_3[38] 催化1，3－丙二酮闭环。前者使用了 *t*－BuOK 这种空间位阻大的碱，该试剂无法进攻已形成的黄酮分子的2位碳原子，因此可以获得成功，但是该反应不仅时间长，而且收率也很低（25%）；而后者仅局限于合成5－羟基黄酮。应用氢氧化钠在水介质中催化1，3－丙二酮衍生物闭环合成羟基黄酮的方法尚未见文献报道。研究发现，一些带有芳酰氧基的1，3－丙二酮衍生物可以在1%的氢氧化钠水溶液中关环生成黄酮，同时，酯基可以水解为羟基，从而得到A环带有羟基的黄酮化合物。

3.5.1 碱性水溶液中由1，3－丙二酮衍生物合成7（6）－羟基黄酮

在合成7－羟基黄酮和6－羟基黄酮的过程中，首先采用了改进的 Baker-Venkataraman 重排法，合成了相应的1，3－丙二酮衍生物3－38 和3－38。其合成路线为

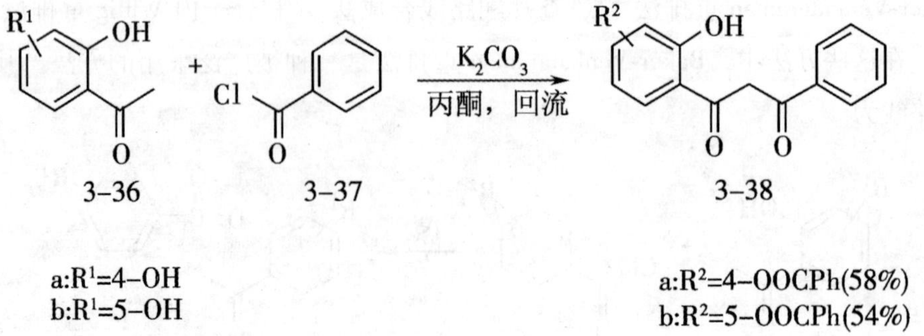

R¹
OH
+
Cl
O
O
3–36
3–37
K_2CO_3
丙酮，回流
R²
OH
O
O
3–38
a:R¹=4–OH
b:R¹=5–OH
a:R²=4–OOCPh(58%)
b:R²=5–OOCPh(54%)

在将1，3－丙二酮衍生物 3－38a 和 3－38b 闭环的步骤中，参照有关文献[30]方法，使用了乙酸钠/乙酸的混合物介质。有趣的是，7－羟基黄酮（3－39）可由1，3－丙二酮3－38a 以高收率获得，但是用同样的方法处理1，3－丙二酮（3－38b）的时候，得到的不是6－羟基黄酮，而是6－苯甲酰氧基黄酮（3－40）。其合成路线为

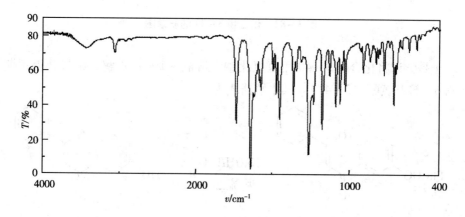

化合物 3–40 的结构表征如下。

在化合物 3–40 红外光谱（图 3–80）图中，1736 cm^{-1} 处有酯羰基的特征吸收峰，1639 cm^{-1} 处有黄酮分子中羰基的吸收峰。其 ^{1}H NMR 谱图（图 3–81）中，δ8.07 和 6.86 的吸收峰分别归属为 C$_5$–H 和 C$_3$–H。化合物 3–40 的结构可以由它的质谱图（图 3–82）进一步得到确证，在 m/z 343 处有准分子离子峰 [M+H$^+$]，说明其分子量为 342。

图 3–80　化合物 3–40 的红外光谱图

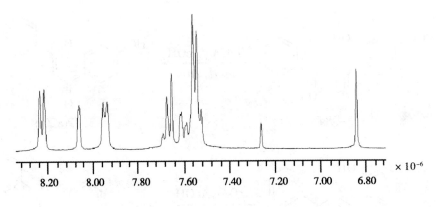

图3－81　化合物3－40的 ^{1}H NMR 谱图

图3－82　化合物3－40的质谱图

于是尝试将化合物3－40用氢氧化钠水溶液（1％）水解，结果获得预期的产物6－羟基黄酮（3－41）。其水解路线为

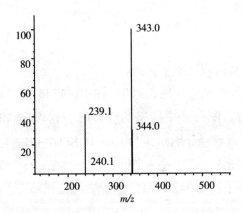

3－40　　　　　　　　　　　　　　　　　　3－41(78%)

　　这一事实表明，6 - 羟基黄酮的分子骨架在所选择的碱性条件下是稳定的。

　　Bois 等[38]曾报道了一种合成 5 - 羟基黄酮的简便方法。该方法是将 2，6 - 二羟基苯乙酮与等摩尔比的苯甲酰氯在碳酸钾催化下，于干燥的丙酮中回流反应，直接获得 5 - 羟基黄酮或其 B 环取代衍生物。他们还指出，用 2 - 羟基苯乙酮为原料时，采用同样的反应条件，不能得到黄酮化合物。Bois 等认为，由 2，6 - 二羟基苯乙酮获得的 1，3 - 丙二酮中间体 3 - 42 可与其环式结构 3 - 43 形成平衡。当化合物 3 - 43 中氧负离子被质子化以后，所形成的中间体 3 - 44 即可脱水而得到 5 - 羟基黄酮。其合成路线为

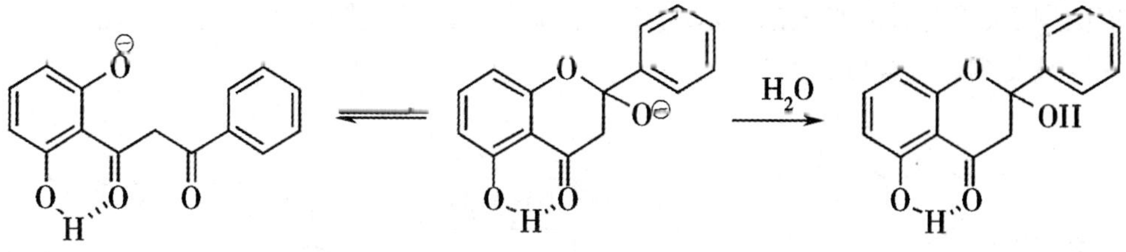

$$3-42 \qquad\qquad 3-43 \qquad\qquad 3-44$$

　　而由 2 - 羟基苯乙酮制备的 1，3 - 丙二酮中间体 3 - 45 以更稳定的烯醇式 3 - 46 存在，从而阻止了 3 - 45 闭环形成中间体 3 - 47，因此要使用强酸性介质来破坏分子内的氢键，从而有利于 3 - 45 以 1，3 - 丙二酮 3 - 48 的形式存在，这样才能发生闭环反应生成黄酮 3 - 49。其合成路线为

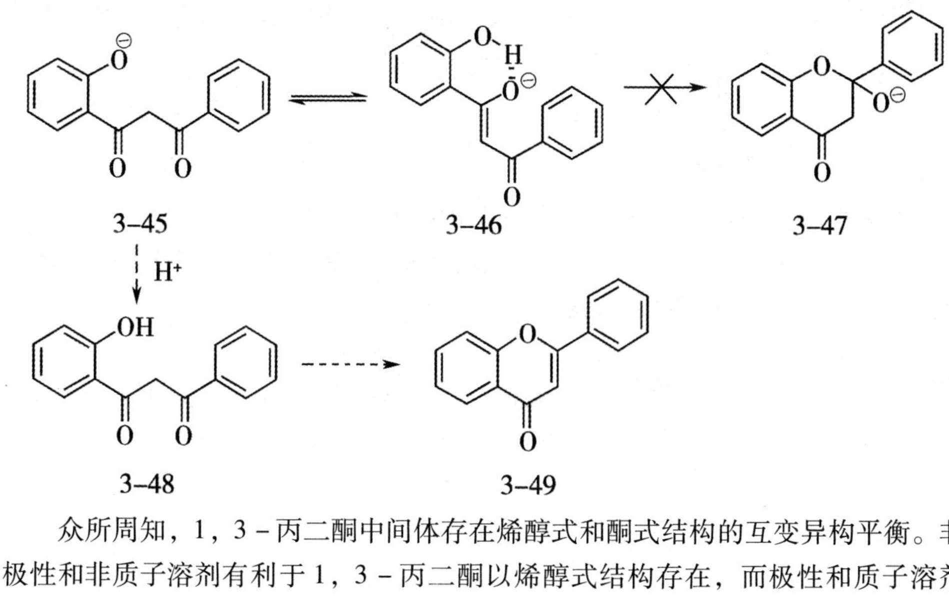

$$3-45 \qquad\qquad 3-46 \qquad\qquad 3-47$$

$$3-48 \qquad\qquad 3-49$$

　　众所周知，1，3 - 丙二酮中间体存在烯醇式和酮式结构的互变异构平衡。非极性和非质子溶剂有利于 1，3 - 丙二酮以烯醇式结构存在，而极性和质子溶剂

能够破坏分子内的氢键，因而有利于1，3-丙二酮以酮式结构存在。

水作为极性质子溶剂，应当有利于1，3-丙二酮中间体以酮式结构存在，也就应该能够使闭环反应得以发生。那么，若能够将化合物3-38a和3-38b中酯基的水解与1，3-丙二酮的闭环反应在碱性水溶液中一步完成，将是非常有意义的。因为使有机反应在水这种真正"绿色"的溶剂中进行，是众多化学家们所追求的目标。于是本书将1，3-丙二酮3-38a和3-38b分别用1%氢氧化钠水溶液处理，以期闭环与酯基的水解能在一步中完成。1，3-丙二酮3-38b在1%氢氧化钠水溶液中回流3 h，冷却后用稀盐酸酸化，吸滤收集产生的沉淀，并依次用水、5%的碳酸氢钠、水洗涤，干燥后用乙醇重结晶，得到了预期产物6-羟基黄酮。其合成路线为

3-38b → 3-41

将该方法应用于7-羟基黄酮的合成也获得了成功。其合成路线为

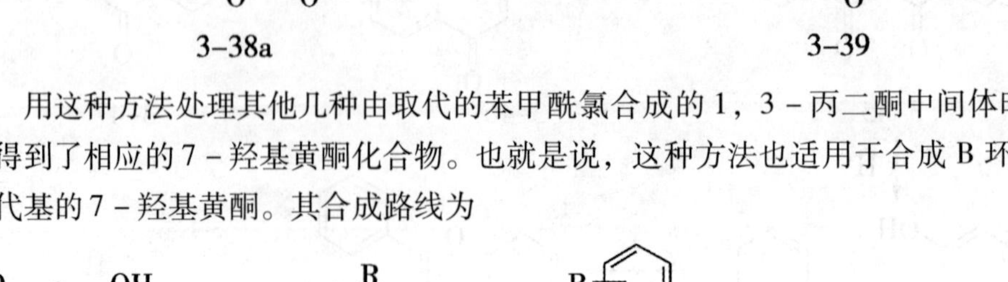

3-38a → 3-39

用这种方法处理其他几种由取代的苯甲酰氯合成的1，3-丙二酮中间体时，都得到了相应的7-羟基黄酮化合物。也就是说，这种方法也适用于合成B环有取代基的7-羟基黄酮。其合成路线为

3-2   3-50   3-51

3-52a:R=p-CH₃
3-52b:R=m-Cl
3-52c:R=p-OCH₃

用该方法合成的各化合物汇总于表 3-10 中。

表 3-10　　　　化合物 3-39, 3-41 和 3-52 的物理及光谱数据

化合物	产率/%	波数/cm⁻¹	质荷比 ([M+H]⁺)	熔点/℃	
				测量值	文献值
3-39	76	1626, 1560, 1574, 1549	239	240～243	240～243[39]
3-41	68	1625, 1593, 1581, 1567	239	231～233	231～232[39]
3-52a	52	1626, 1593, 1576, 1560	253	278～280	278～280[40]
3-52b	46	1624, 1572	273	267～269	269～271[40]
3-52c	38	1627, 1577, 1546	269	261～263	262～264[40]

通过上述工作,找到了一种新的碱性条件下合成 6 或 7-羟基黄酮的简便方法。用该方法合成了 5 种 A 环带有羟基的黄酮化合物。因此,该方法具有一定的通用性,可用于合成多种 B 环有取代基的 6 或 7-羟基黄酮[41]。

3.5.2　可交联高分子染料的合成与应用

(1) 以 7-羟基黄酮为偶合组分的偶氮染料的合成

首先尝试了对氨基苯磺酰胺重氮盐和对氨基苯磺酸重氮盐与 7-羟基黄酮在碱性条件下的偶合反应,但是发现偶合的速度都很慢。前者反应 24 h 后,取反应混合物少许并酸化后,用薄层色谱检验,几乎无产物出现。用对氨基苯磺酸重氮盐作为重氮组分时,反应虽然较前者明显加快,但仍然有大量的偶合组分剩余。重氮盐与偶合组分的偶合反应不仅依赖于反应体系的 pH 值,而且有赖于两者的反应活性。重氮盐的芳环上引入吸电子基可增强其亲电性,从而提高反应活性[42]。当改用对硝基苯胺的重氮盐进行偶合反应时,反应变得很顺利。

对硝基苯胺的重氮化采用正法快速重氮化法,所得重氮盐与 7-羟基黄酮在碱性条件下偶合,合成了相应的偶氮染料 4-24。其合成路线为

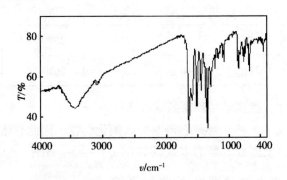

$$3-39 \qquad\qquad 3-53$$

在化合物 3-53 的红外光谱图（图 3-83）中，在 3445 cm^{-1} 处有羟基的吸收峰，1645 cm^{-1} 处有黄酮羰基的吸收峰，1521 cm^{-1} 和 1344 cm^{-1} 两处强吸收峰表明化合物中有硝基存在。

图 3-83　化合物 3-53 的红外光谱图

在化合物 3-53 的核磁共振氢谱图（图 3-84 所示）中，δ=14.32 处有一相当于一个质子的单峰，结合该化合物的红外光谱，该吸收峰应归属为羟基质子。在 8.32 和 7.11 处各有一个相当于一个质子的双峰，且具有相同的偶合常数，都为 9.2Hz，说明这两个氢处于邻位，这两个双峰分别归属为 5 位和 6 位的质子。同时也表明偶氮基只能连接在黄酮分子中的 8 位，否则除了 6.99 处的黄酮 3 位质子单峰以外，将会出现另外两个单峰（黄酮 5 和 8 位）。

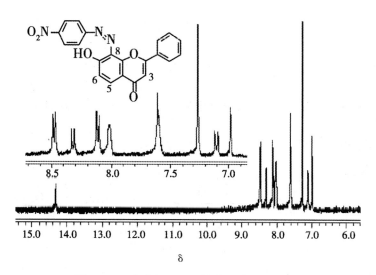

图 3 – 84　化合物 3 – 53 的核磁共振氢谱图

在化合物 3 – 53 的质谱（APCI，负模式）图（图 3 – 85）中，m/z 为 387 处，有其分子离子峰 M⁻，说明该化合物的分子量为 387，与目标分子的分子量一致。

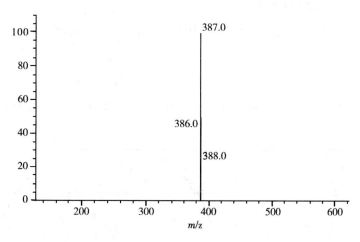

图 3 – 85　化合物 3 – 53 的质谱图

（2）含黄酮结构可交联高分子染料的合成与表征

7 – 羟基 – 8 – （对硝基苯基偶氮基）黄酮经氯磺化反应可引入磺酰氯基团，后者可与聚乙烯胺高分子缩合生成含有黄酮结构的高分子染料。参照有关文献[43]可知，所引入的磺酰氯基团进入黄酮分子的 3′位。进行氯磺化反应时，当氯磺酸的用量足够时，反应的温度就至关重要。对反应温度进行初步的筛选，并用 TLC 定性观测原料的残留量。可以发现，当温度为 50℃时，反应 7 h 后，用

TLC 检验，未发现除原料以外的斑点，表明没有发生反应。当温度升至80℃，反应9 h后，TLC 检测表明，原料斑点完全消失，并只出现另外一个斑点，这说明原料完全被氯磺化并生成了单一产物。因此，氯磺化反应的产品无需提纯，可将其直接用于可交联染料的合成中。当尝试使该磺酰氯与四乙烯五胺缩合时发现，所得的产物在酸性水的溶液中溶解度很低，这就限制了其应用性能。使该磺酰氯与聚乙烯胺缩合后，染料的溶解度可满足染色要求。

含黄酮结构高分子染料 3－55 的合成过程为

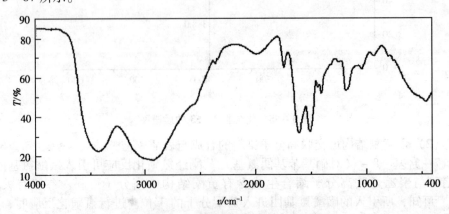

原料聚乙烯胺盐酸盐与所合成的高分子染料的红外光谱图分别如图 3－86 和图 3－87 所示。

图 3－86 聚乙烯胺盐酸盐的红外光谱

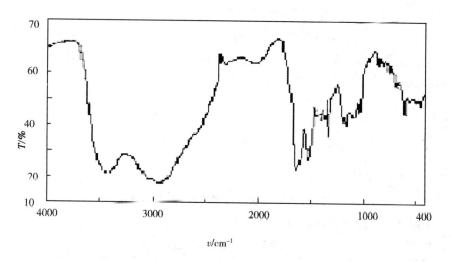

图3-87　含黄酮结构高分子染料的红外光谱

在产物的红外光谱图中，在1344 cm^{-1}和1180 cm^{-1}处分别有磺酰胺中S＝O不对称和对称伸缩振动吸收峰，说明黄酮染料的磺酰氯已经与聚乙烯胺缩合形成了磺酰胺。

3.5.3　含黄酮结构高分子染料的染色应用

（1）染料3-55对丝绸和棉的染色

所合成的多氨基可交联染料在水溶液中性质稳定，染液可多次重复利用，因此染料的固色率是要着重解决的问题。用该染料对丝绸和棉进行了交联染色。

根据朗伯-比尔定律，在一定的浓度范围内，染料的吸光度与其浓度成正比，因此采用残液比色法[44]，即可计算出染料的固色率。

固色率的计算公式为

$$F = \left[1 - A_2 V_2 / (A_0 V_0 - A_1 V_1) \right] \times 100\%$$

式中，F——染料的固色率；

A_0——染液的吸光度；

V_0——染液的体积，mL；

A_1——染色残液定容后的吸光度；

V_1——染色残液定容后的体积，mL；

A_2——固色后皂煮液及水洗液定容后的吸光度；

V_2——固色后皂煮液及水洗液定容后总体积，mL。

（2）染料 3 – 55 对丝绸和棉的染色

高分子染料对丝绸和棉的染色过程如图 3 – 88 所示。所用交联固色剂 I 为自制。固色采用两浸两轧的方法，每次浸泡时间为 2 min，50℃烘 10 min。皂煮时间为 10 min。

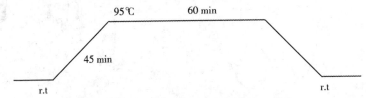

图 3 – 88　高分子染料的染色过程示意图

染料 3 – 55 浸染丝绸和棉的染色条件与固色率如表 3 – 11 所示。

表 3 – 11　　　　　　染料 3 – 55 浸染丝绸及棉的染色条件与固色率

纤维	染料用量（% o. w. f）	浴比	染液 pH 值	交联固色剂浓度/%	固色率/%
丝绸	4	1:20	4	2	99. 4
棉	4	1:20	4	2	98. 8

表 3 – 11 中的结果说明，所合成的含黄酮结构的可交联高分子染料用于丝绸和棉的交联染色，固色率都在 98% 以上。

染料 3 – 55 的摩擦色牢度和水洗（沾色）色牢度如表 3 – 12 所示。

表 3 – 12　　　染料 3 – 55 在丝绸和棉上的摩擦色牢度和水洗（沾色）色牢度

染料	摩擦色牢度				水洗牢度（沾色）			
	丝		棉		丝		棉	
	干	湿	干	湿	丝	棉	棉	毛
3 – 55	4	4 ~ 5	3 ~ 4	3	4 ~ 5	4	4	4 ~ 5

表 3 – 12 中的数据表明，高分子染料 3 – 55 在丝绸和棉上具有较好的摩擦色牢度和水洗（沾色）色牢度。

3.5.4　小　结

① 用 1% 的氢氧化钠水溶液处理带有芳酰氧基的 1，3 – 丙二酮衍生物，可以生成 A 环带有羟基的黄酮化合物，说明 1，3 – 丙二酮的闭环与酯基的水解反应是同步完成的。该方法为合成 A 环带有羟基的黄酮化合物提供了新的途径。

②对氨基苯磺酰胺重氮盐与 7 – 羟基黄酮在本书所采用的实验条件下不发生偶合反应，认为是由于重氮组分与偶合组分的反应活性均太低所致。对硝基苯胺重氮盐与 7 – 羟基黄酮在碱性条件下偶合生成偶氮染料，^{1}H NMR 分析结果表明，偶合发生在黄酮分子的 8 位。

③合成了含有黄酮结构的可交联高分子染料 3 – 55，用该染料对丝绸和棉进行交联染色，其在丝绸和棉上的固色率分别为 99.4% 和 98.8%。

3.6　合成实验

（1）3 – （取代）苯甲酰基 7 羟基 6 – 硝基黄酮（3 – 8a～d）的合成

化合物 3 – 8a 的合成：在装有搅拌的 500 mL 二口烧瓶中加入 300 mL 干燥的丙酮和 30 g 无水碳酸钾，然后加入 5.91 g（0.03 mol）化合物 3 – 3，再向其中滴加 8.43 g（0.06 mol）苯甲酰氯，室温下搅拌 20 min，升温至回流，反应 24 h。蒸出丙酮，冷却，然后将固体用稀盐酸酸化至 pH 值为 3。抽滤，干燥后用乙酸重结晶，得到灰白色絮状晶体 4.18 g，产率 36%，m. p. 279～281℃（文献[9]值 272～273℃）。^{1}H NMR（400 MHz，CDCl$_3$）：δ = 10.92（s，1H），9.066（s，1H），7.89（d，2H，J = 7.6 Hz），7.63（d，2H，J = 7.6 Hz），7.55（m，1H），7.35～7.47（m，5H），7.27（s，1H）。^{13}C NMR（100 MHz，DMSO – d_6）：δ = 192.1，174.1，161.8，158.4，156.7，136.2，136.0，133.6，131.3，130.7，128.8，128.5，128.4，128.0，123.6，121.4，114.7，106.2。IR（KBr）：3170，1671，1637，1614，1577，1556，1529，1367 cm^{-1}。API – ES – MS（negative）：m/z（%）= 386（100）[M – H]$^-$，387（25）[M]$^-$。

化合物 3 – 8b 的合成方法同化合物 3 – 8a。产率 38%，棕色片状晶体，m. p. 175～177℃。^{1}H NMR（400 MHz，CDCl$_3$）：δ = 10.95（s，1H），9.06（s，1H），7.85（m，1H），7.75（dd，1H，J = 0.8 Hz，8.0 Hz），7.67（m，1H），7.55（dd，1H，J = 0.8 Hz，8.0 Hz），7.37～7.47（m，3H），7.29～7.33（m，2H）。^{13}C NMR（100 MHz，CDCl$_3$）：δ = 190.9，174.5，161.7，160.2，158.6，138.1，135.4，134.3，132.8，132.4，130.4，129.2，128.5，127.6，126.9，126.0，122.3，116.6，107.7。IR（KBr）：3191，1677，1635，1608，1581，1556，1527，1462，1427，1360，1317，1267 cm^{-1}。API – ES – MS（positive）：m/z（%）= 456（100）[M + H]$^+$，458（65）[M + 2 + H]$^+$，460（12）[M + 4 + H]$^+$。HRMS（ESI，positive）：cacld for C$_{22}$H$_{12}$Cl$_2$NO$_6$ [M + H]$^+$：456.0042；found：456.0051。

化合物 3 - 8c 的合成方法同化合物 3 - 8a。产率 46%，灰白色针状晶体，m. p. 229 ~ 231℃。^{1}H NMR（400 MHz，CDCl$_3$）：δ = 10.93（s，1H），9.05（s，1H），7.81（d，2H，J = 8.4 Hz），7.54（d，2H，J = 8.4 Hz），7.22（d，2H，J = 8.4 Hz），7.18（d，2H，J = 8.4 Hz），2.39（s，3H），2.35（s，3H）。^{13}C NMR（100 MHz，DMSO - d_6）：δ = 192.2，174.4，161.6，158.4，156.4，144.8，141.9，136.5，134.1，129.5，129.4，128.2，123.4，121.2，114.7，106.1，21.2，20.9。IR（KBr）：3442，1675，1632，1612，1529，1359 cm^{-1}。API - ES - MS（negative）：m/z（%）= 414（100）[M - H]$^-$，415（29）[M]$^-$。HRMS（ESI，negative）：cacla for C$_{24}$H$_{16}$NO$_6$ [M - H]$^-$：414.0978；found：414.0974.

化合物 3 - 8d 的合成方法同化合物 3 - 8a。产率 35%，黄色柱状晶体，m. p. 173 ~ 175℃。^{1}H NMR（400 MHz，CDCl$_3$）：δ = 10.91（s，1H），9.03（s，1H），7.88（d，2H，J = 8.8 Hz），7.62（d，2H，J = 8.4 Hz），7.25（s，1H），6.88（d，2H，J = 8.8 Hz），6.86（d，2H，J = 8.8 Hz），3.84（s，3H），3.80（s，3H）。^{13}C NMR（100 MHz，DMSO - d_6）：δ = 190.7，174.1，163.6，161.7，161.1，158.4，156.6，135.2，131.1，129.7，129.3，123.7，122.6，120.3，114.8，112.8，113.7，106.2，55.0，54.9。IR（KBr）：3432，2935，1674，1645，1629，1600，1543，1365，1298，1259，1182 cm^{-1}。API - ES - MS（positive）：m/z（%）= 448（100）[M + H]$^+$，449（27）[M + 2H]$^+$。HRMS（ESI，positive）：cacld for C$_{24}$H$_{18}$NO$_8$ [M + H]$^+$：448.1032；found：448.1032。

（2）2′ - 苯甲酰氧基 - 4′ - 羟基 - 5′ - 硝基苯乙酮（3 - 9）的合成

在装有搅拌的 250 mL 三口烧瓶中加入 150 mL 干燥的丙酮和 15 g 无水碳酸钾，然后加入 2.96 g（0.015 mol）化合物 3 - 3，再向其中滴加 4.22 g（0.03 mol）苯甲酰氯，室温下搅拌 20 min，升温至回流，反应 15 h。蒸出丙酮，冷却，然后将固体用稀盐酸酸化至 pH 值为 3。抽滤，干燥后用丙酮重结晶，得淡黄色柱状晶体 3.43 g，产率 76%，m. p. 154 ~ 156℃。^{1}H NMR（400 MHz，CDCl$_3$）：δ = 10.91（s，1H），8.73（s，1H），8.19（d，2H，J = 8.4Hz），7.68（t，1H），7.55（m，2H），7.07（s，1H），2.57（s，3H）。IR（KBr）：3288，1743，1687，1629，1558，1527，1355，1242 cm^{-1}. API - ES - MS（negative）：m/z（%）= 300（100）[M - H]$^-$，301（17）[M]$^-$。

（3）1 - （2 - 苯甲酰氧基 4 - 羟基 - 5 - 硝基苯基）- 3 - 苯基 - 1，3 - 丙二酮（3 - 10）的合成

在装有搅拌的 100 mL 三口烧瓶中加入 1.5 g 化合物 3－8a，在加入 50 mL 浓度为 5% 的氢氧化钾/乙醇溶液。升温至回流，反应 1 h。冷却后倾入冰水中，用稀盐酸酸化至 pH 值 =3。抽滤，冷水洗涤滤饼，干燥。用丙酮将所得固体重结晶，得到黄色针状晶体 0.816 g，产率 52%，m. p. 180 ~ 182℃。^{1}H NMR（400 MHz, CDCl$_3$）δ: 16.54（s, 1H），10.90（s, 1H），8.81（s, 1H），8.24（d, 2H, J = 8.4 Hz），7.65 ~ 7.72（m, 3H），7.47－7.56（m, 3H），7.30 ~ 7.34（m, 2H），7.16（s, 1H），6.72（s, 1H）。^{13}C NMR（100 MHz, CDCl$_3$）: δ = 185.6，182.2，163.9，157.8，155.8，134.7，132.9，131.7，130.7，129.1，128.8，128.4，128.0，127.3，123.2，115.1，96.5。IR（KBr pellet）: 3444，1745，1633，1242，1157，1054 cm^{-1}。MS（APCI, negative）: m/z（%）－ 404（100）［M － H］$^-$，405（38）［M］$^-$。HRMS（ESI, negative）: cacld for C$_{22}$H$_{14}$NO$_7$（［M － H］$^-$）: 404.0770; found 404.0774。

（4）1－（2，4－二羟基－5－硝基苯基）－3－苯基－1，3－丙二酮（3－11）的合成

向装有搅拌的 100 mL 三口烧瓶中加入 2.127 g 化合物 3－8a，再加入 65 mL 5% 的氢氧化钾/乙醇溶液，升温至回流，反应 24 h。冷却至室温后，用稀盐酸酸化至 pH 值 =3，抽滤，冷水洗涤滤饼至滤液呈中性，干燥。用丙酮重结晶得到淡黄色针状晶体 1.67 g，产率 97%，m. p. 220 ~ 222℃。^{1}H NMR（400 MHz, CDCl$_3$）δ: 15.12（s, 1H），12.94（s, 1H），10.99（s, 1H），8.68（s, 1H），7.97（d, 2H, J = 7.6 Hz），7.53 ~ 7.60（m, 3H），6.77（s, 1H），6.63（s, 1H）(this species exists completely in the enolic form)。^{13}C NMR（100 MHz, CDCl$_3$）: δ = 193.6，182.7，179.2，169.7，160.5，133.3，129.2，128.1，127.3，113.8，106.7，91.9。IR（KBr pellet）: 1604，1560，1492，1297，1220，1196，1078 cm^{-1}。API － ES － MS（negative）: m/z（%） = 300（100）［M － H］$^-$。HRMS（ESI, negative）: cacld for C$_{15}$H$_{10}$NO$_6$（［M － H］$^-$）: 300.0508; found 300.0508。

（5）7－羟基－6－硝基黄酮（3－5）的合成

在装有机械搅拌的 100 mL 三口烧瓶中加入 8.33 mL 乙酸，然后加入 0.3 g（0.001 mol）化合物 3－11，最后滴入一滴浓硫酸。升温至 100℃，反应 1 h。冷却至室温后用 10 mL 冷水稀释，抽滤，冷水洗涤滤饼。干燥后用丙酮重结晶得到 0.255 g 淡黄色片状晶体，产率 90%。熔点 237 ~ 238℃（文献值[19] m. p. 220 ~ 222℃）。^{1}H NMR（400 MHz, DMSO － d_6）δ: 12.34（s, broad, 1H），8.48（s,

1H），8.12（d，2H，J = 7.2 Hz），7.60（m，3H），7.33（s，1H），7.05（s，1H）。IR（KBr pellet）：3444，1653，1630，1531，1450，1355 cm^{-1}。

(6) 6-氨基-7-羟基黄酮（3-6）的合成

在装有搅拌的 100 mL 三口烧瓶中加入 35.2 mL 乙醇/水（体积比为 2:1）溶液，然后加入 0.528 g（1.87 mmol）7-羟基-6-硝基黄酮，升温至回流。分批加入 1.69 g 纯度为 50% 的保险粉，反应 10 h。蒸出乙醇后冷却，加少量冷水，抽滤，冷水洗涤滤饼。干燥后用乙醇重结晶黄色固体粉末 0.311g，产率 64%，m. p. 253～256℃ 时变成黑色，分解。^{1}H NMR（DMSO-d_6）δ：8.00～8.03（dd，2H），7.55～7.57（m，3H），7.14（s，1H），6.95（s，1H），6.78（s，1H）。IR（KBr）：3399，3322，1624，1579，1375 cm^{-1}。MS（APCI，positive）：m/z（%）= 254（100）[M + H]$^+$，255（17）[M + 2H]$^+$。HRMS（ESI，negative）：cacld for $C_{15}H_{10}NO_3$（[M + H]$^+$）：252.0661；found 252.0671。

(7) 6-氨基-3-苯甲酰基-7-羟基黄酮（3-16）的合成

在装有搅拌的 500 mL 三口烧瓶中加入 188.7 mL 乙醇/水（体积比为 2:1）溶液，然后加入 3.87 g（0.01 mol）化合物 3-8a，升温至回流。分批加入 10.1 g 纯度为 50% 的保险粉，反应 24 h。蒸出乙醇后冷却，加少量冷水，抽滤，冷水洗涤滤饼。干燥后用乙醇重结晶，得到黄色晶体 6.63 g，产率 71%，m. p. 267～270℃。^{1}H NMR（400 MHz，DMSO-d_6）δ：7.85（d，2H，J = 8.8 Hz），7.61（t，1H），7.55（d，2H，J = 8.0 Hz），7.39～7.48（m，5H），7.13（s，1H），6.94（s，1H）。IR（KBr pellet）：3433，1670，1616，1576，1383 cm^{-1}。API-ES-MS（positive）：m/z（%）= 358（100）[M + H]$^+$。HRMS（ESI，negative）：cacld for $C_{22}H_{14}NO_4$（[M - H]$^-$）：356.0923；found 356.0522。

(8) 化合物 3-17 的合成

①重氮盐的制备。将 0.706 g（1.98 mmol）6-氨基-3-苯甲酰基-7-羟基黄酮（3-16）溶于 11.8 mL 乙醇/4.0 mL 乙酸中，搅拌，冰水浴降温至 5℃ 以下。向该混合物中逐滴加入由 0.137 g（1.98 mol）亚硝酸钠配成的饱和水溶液，滴加完毕，继续搅拌反应 2 h。

②偶合。将 0.29 g β-萘酚用 4.5 mL 饱和碳酸钠溶液溶解，然后用乙酸调 pH 值为 8～9，温度降低至 5℃ 以下。把重氮盐溶液滴加到偶合组分中，并一直搅拌，同时用饱和碳酸钠溶液控制 pH 值为 8～9。滴加完毕后继续反应 5 h。渗圈实验检查终点。抽滤后用冷水洗涤滤饼，干燥。用乙酸乙酯重结晶得到红色粉末固体 0.54 g，收率 76%，m. p. 269～270℃（λ_{max} = 496 nm（in acetone），ε =

19170 L/mol·cm)。^{1}H NMR（400 MHz, CDCl$_3$）：δ = 14.31（s, 1H）, 13.02（s, 1H）, 8.56（s, 1H）, 8.18（d, 2H, J = 8.4 Hz）, 7.95（d, 2H, J = 8.8 Hz）, 7.87（d, 1H, J = 8.8 Hz）, 7.79（d, 1H, J = 8.0 Hz）, 7.63~7.67（m, 4H）, 7.53~7.71（m, 1H）, 7.35~7.50（m, 5H）, 7.16~7.18（t, 2H）。^{13}C NMR（100 MHz, CDCl$_3$）：δ = 207.3, 193.5, 175.6, 162.6, 157.8, 157.5, 137.9, 137.0, 134.1, 133.2, 131.8, 131.5, 131.3, 129.6, 129.4, 129.2, 129.0, 128.7, 126.6, 125.6, 122.2, 121.1, 120.4, 117.2, 105.9。IR（KBr）：3421, 1673, 1623, 1581, 1490, 1369 cm^{-1}。MS（APCI, negative）：m/z（%）= 511（100）[M − H]$^-$, 512（56）[M]$^-$。HRMS（ESI, negative）：cacld for C$_{32}$H$_{19}$·N$_2$O$_5$（[M − H]$^-$）：511.1294；found 511.1293。

（9）化合物 3 - 18 的合成

①重氮盐的制备。将 1.0 g（2.8 mmol）化合物 3 - 16 溶于 18 mL 乙醇/6.0 mL 乙酸中，搅拌，冰水浴降温至 5℃ 以下。逐滴加入由 0.194 g（2.8 mmol）亚硝酸钠配成的饱和水溶液。继续搅拌反应 2 h。

②偶合。将 0.487 g N - 苯基 - 3 - 甲基吡唑酮加入到 7.8 mL 氢氧化钠溶液（0.33 mol/L）中，升温使之溶解，然后降温至 5℃ 以下，用乙酸调 pH 值为 8 ~ 9。将重氮盐溶液滴加到偶合组分中，同时搅拌，用饱和碳酸钠溶液控制 pH 值为 8 ~ 9，5℃ 以下反应 10 h。用苯胺重氮盐和 H 酸碱性溶液通过渗圈实验检查反应终点。酸化后抽滤，用冷水洗涤滤饼，干燥。以乙酸乙酯/石油醚（体积比为 4:3）为展开剂，取 0.1 g 粗产品柱层析分离得到黄色粉末状固体 0.069 g，产率 81%，m. p. 160 ~ 163℃（λ_{max} = 420 nm（in acetone），ε = 26830 L/mol·cm）。^{1}H NMR（400 MHz, CDCl$_3$）：δ = 13.56（s, 1H）, 12.42（s, 1H）, 8.15（s, 1H）, 7.92（d, 4H, J = 8.4 Hz）, 7.59~7.65（m, 3H）, 7.42~7.51（m, 7H）, 7.24（t, 1H）, 7.21（s, 1H）, 2.09（s, 3H）。IR（KBr）：3430, 3263, 1671, 1580, 1500, 1373 cm^{-1}。API - ES - MS（negative）：m/z（%）= 541（100）[M − H]$^-$, 542（33）[M]$^-$。HRMS（ESI, negative）：cacld for C$_{32}$H$_{21}$N$_4$O$_5$（[M − H]$^-$）：541.1512；found 541.1513。

（10）2 - 羟基 - 4 - 甲氧基 - 5 - 硝基苯乙酮（3 - 20）的合成

向带有干燥管（CaCl$_2$）的 100 mL 单口烧瓶中加入 2 - 羟基 - 4 - 甲氧基苯乙酮（丹皮酚）（4 g, 24 mmol）和冰醋酸（30 mL），磁力搅拌，将浓硝酸（15 mL）滴加到上述混合物中。20℃ 反应 24 h，反应体系由墨绿色变为黄色，TLC 检测原料 2 - 羟基 - 4 - 甲氧基苯乙酮消失，反应结束。将反应混合物加入到

1000 mL 冰水中，搅拌，析出淡黄色絮状沉淀。减压过滤，将滤饼干燥，得到粗产品 2-羟基-4-甲氧基-5-硝基苯乙酮。将粗产品用 50 mL 丙酮室温下溶解后，加入 1000 mL 冰水，析出白色絮状沉淀，减压过滤后得到白色絮状固体 2-羟基-4-甲氧基-5-硝基苯乙酮纯品 3.6 g。收率 71.6%。熔点 149~150℃；R_f = 0.63（乙酸乙酯、石油醚体积比为 1:2）。

（11）2′-羟基-4′-甲氧基-5′-硝基查尔酮（3-21）的合成

在装有机械搅拌的 250 mL 三口烧瓶中加入 2-羟基-4-甲氧基-5-硝基苯乙酮（2.11 g，10 mmol）和 50 mL 乙醇，滴加 30 ml 40% 的 KOH 水溶液，滴加完毕后搅拌 15 min。向上述混合物中加入苯甲醛（1.2 g，11 mmol）。室温（20℃）反应 18 h，TLC 检测显示原料 2-羟基-4-甲氧基-5-硝基苯乙酮消失，反应结束。将混合体系倒入冰水中，用稀盐酸调节 pH 值至中性，析出黄色沉淀。减压过滤，冷水洗涤滤饼后将固体干燥。用冰醋酸结晶，得到 2′-羟基-4′-甲氧基-5′-硝基查尔酮黄色针状晶体 1.67 g，收率 56%。熔点 188~189℃；R_f = 0.74（乙酸乙酯、石油醚体积比为 2:3）。

（12）4-N，N-二甲氨基-2′-羟基-4′-甲氧基-5′-硝基查尔酮（3-22）的合成

在装有机械搅拌的 250 mL 三口烧瓶中加入 2-羟基-4-甲氧基-5-硝基苯乙酮（2.11 g，10 mmol）和 50 mL 乙醇，滴加 30 mL 40% 的 KOH 水溶液，滴加完毕后搅拌 15 min。向上述混合物中加入对二甲氨基苯甲醛（1.6 g，11 mmol）。室温（20℃）反应 24 h，TLC 检测显示原料 2-羟基-4-甲氧基-5-硝基苯乙酮消失，反应结束。将混合体系倒入冰水中，用稀盐酸调节 pH 值至中性，析出黄色沉淀。减压过滤，冷水洗涤滤饼后将固体干燥。用冰醋酸结晶，得到黄色针状晶体 2.53g，收率 74%。熔点 224~226 ℃；R_f = 0.5（乙酸乙酯、石油醚体积比为 2:3）。

（13）7-甲氧基-6-硝基黄酮（3-23）的合成

向带有干燥管（$CaCl_2$）的 50 mL 单口烧瓶中加入 2′-羟基-4′-甲氧基-5′-硝基查尔酮（1 g，3.3 mmol），经过干燥除水的 DMSO（20 mL），并滴加浓硫酸（2 ml）。该混合物磁力搅拌，升温至 80℃。反应 30 min，TLC 检测原料 2′-羟基-4′-甲氧基-5′-硝基查尔酮消失，反应结束。冷却至室温，加入冰水中，析出蓝黑色沉淀，减压过滤，冷水洗涤滤饼，干燥。乙醇结晶，得到灰白色固体 0.54 g，收率 54%。熔点 199~201℃；R_f = 0.39（乙酸乙酯、石油醚体积比为 1:2）。

（14）3 - 羟基 - 7 - 甲氧基 - 6 - 硝基黄酮（3 - 24）的合成

在装有搅拌的 150 mL 三口瓶中加入 2′ - 羟基 - 4′ - 甲氧基 - 5′ - 硝基查尔酮（1.2 g，4 mmol），乙醇/水（体积比 1∶1）混合液（40 mL），氢氧化钠（1.0 g）。将混合物搅拌，冰水浴冷却至 0℃，滴加 30% 的过氧化氢溶液（2 mL）。继续反应 4 h，TLC 检测显示原料 2′ - 羟基 - 4′ - 甲氧基 - 5′ - 硝基查尔酮消失，表明反应结束。将混合物体系倒入冰水中，稀盐酸中和，调节 pH 值至 5，析出橘黄色沉淀。减压过滤后冷水洗涤滤饼，干燥。醋酸结晶后得到黄色固体 0.68 g，收率 54%。熔点 223 ~ 225 ℃；R_f = 0.55（乙酸乙酯、石油醚体积比为 1∶1）。

（15）4′ - N，N - 二甲氨基 - 7 - 甲氧基 - 6 - 硝基黄酮（3 - 25）的合成

向带有干燥管（CaCl$_2$）的 50 mL 单口烧瓶中加入 4 - N，N - 二甲氨基 - 2′ - 羟基 - 4′ - 甲氧基 - 5′ - 硝基查尔酮（1 g，3 mmol），经过干燥除水的 DMSO（25 mL），并滴加浓硫酸（3 mL）。该混合物磁力搅拌，升温至 80℃。反应 30 min，TLC 检测原料 2′ - 羟基 - 4′ - 甲氧基 - 5′ - 硝基查尔酮消失，反应结束。冷却至室温，加入冰水中，析出红色沉淀，减压过滤，冷水洗涤滤饼，干燥。甲醇结晶，得到红色晶体 0.7 g，收率 70%。熔点 233 ~ 234 ℃；R_f = 0.32（乙酸乙酯、石油醚体积比为 1∶1）。

（16）4′ - N，N - 二甲氨基 - 3 - 羟基 - 7 - 甲氧基 - 6 - 硝基黄酮（3 - 26）的合成

在装有机械搅拌的 150 mL 三口瓶中加入 4 - N，N - 二甲氨基 - 2′ - 羟基 - 4′ - 甲氧基 - 5′ - 硝基查尔酮（1 g，3 mmol），乙醇/水（体积比 1∶1）混合液（50 mL），氢氧化钠（1 g）。将混合物搅拌，冰水浴冷却至 0℃，滴加过氧化氢（2 mL）。继续反应 24 h，TLC 检测显示原料 4 - N，N - 二甲氨基 - 2′ - 羟基 - 4′ - 甲氧基 - 5′ - 硝基查尔酮消失，表明反应结束。将混合物体系倒入冰水中，稀盐酸中和，调节 pH 值至 5，析出红棕色沉淀。减压过滤后冷水洗涤滤饼，干燥。冰醋酸结晶后得到红棕色晶体 0.72 g，收率 67%。熔点大于 275 ℃；R_f = 0.54（乙酸乙酯、石油醚体积比为 1∶1）。

（17）6 - 氨基 - 7 - 甲氧基黄酮（3 - 27）的合成

在 150 mL 三口烧瓶中加入 1 g（3.3 mmol）7 - 甲氧基 - 6 - 硝基黄酮，60 mL EtOH/H$_2$O（体积比为 2∶1）混合溶剂，升温至回流，分批加入 Na$_2$S$_2$O$_4$（2.3 g，13 mmol），TLC 监测反应，5 h 后反应结束，继续回流 1 h，减压蒸馏出乙醇。然后加入浓盐酸处理过量的 Na$_2$S$_2$O$_4$。调节体系的 pH 值至中性，减压过滤析出的沉淀。硅胶色谱柱分离，洗脱剂乙酸乙酯、石油醚体积比为 2∶1，收率 92%。熔点 232 ~ 234℃；R_f = 0.24（乙酸乙酯、石油醚体积比为 1∶1）。

(18) 6-氨基-3-羟基-7-甲氧基黄酮（3-28）的合成

在 150 mL 三口烧瓶中加入 1.2 g（3.8 mmol）3-羟基-7-甲氧基-6-硝基黄酮，90 ml EtOH/H_2O（体积比为 2:1）混合溶剂，升温至回流，分批加入 $Na_2S_2O_4$（2.7 g，15 mmol），TLC 监测反应，6 h 后反应结束，继续回流 1 h，减压蒸馏出乙醇。然后加入浓盐酸处理过量的 $Na_2S_2O_4$。调节体系的 pH 值至中性，减压过滤析出的沉淀。硅胶色谱柱分离，洗脱剂乙酸乙酯、石油醚体积比为 3:1，收率 89%。熔点 211~213℃；R_f = 0.56（乙酸乙酯、石油醚体积比为 2:1）。

(19) 6-氨基-4'-N，N-二甲氨基-7-甲氧基黄酮（3-29）的合成

在 250 mL 三口烧瓶中加入 1.2 g（3.8 mmol）4'-N，N-二甲氨基-7-甲氧基-6-硝基黄酮，150 mL EtOH/H_2O（体积比为 2:1）混合溶剂，升温至回流，分批加入 $Na_2S_2O_4$（2.7 g，15 mmol），TLC 监测反应，10 h 后反应结束，继续回流 1 h，减压蒸馏出乙醇。然后加入浓盐酸处理过量的 $Na_2S_2O_4$。调节体系的 pH 值至中性，减压过滤析出的沉淀。硅胶色谱柱分离，洗脱剂乙酸乙酯、石油醚体积比为 4:1，收率 81%。熔点 136~138℃；R_f = 0.15（乙酸乙酯、石油醚体积比为 3:1）。

(20) 6-氨基-4'-N，N-二甲氨基-3-羟基-7-甲氧基黄酮（3-30）的合成

在 250 mL 三口烧瓶中加入 0.71 g（2 mmol）4'-N，N-二甲氨基-3-羟基-7-甲氧基-6-硝基黄酮，150 mL EtOH/H_2O（体积比为 2:1）混合溶剂，升温至回流，分批加入 $Na_2S_2O_4$（1.4 g，8 mmol），TLC 监测反应，24 h 后反应结束，继续回流 1 h，减压蒸馏出乙醇。然后加入浓盐酸处理过量的 $Na_2S_2O_4$。调节体系的 pH 值至中性，静置 10 h，减压过滤析出的沉淀。硅胶色谱柱分离，洗脱剂乙酸乙酯、石油醚体积比为 3:1，收率 83%。熔点大于 275℃；R_f = 0.33（乙酸乙酯、石油醚体积为 2:1）。

(21) 1-[4-（苯甲酰氧基）-2-羟基苯基]-3-苯基-1，3-丙二酮（3-38a）的合成

将 2'，4'-二羟基苯乙酮（3-36a）（4.56 g，0.03 mol）和无水碳酸钾（30 g）加入干燥的丙酮中（300 mL），室温下搅拌 10 min，然后滴加苯甲酰氯（8.43 g，0.06 mol），将混合物加热回流 15 h。冷却至室温，过滤，滤饼用少许丙酮淋洗。滤饼用稀盐酸酸化，充分搅拌后过滤，干燥，用丙酮重结晶，得淡黄色针状晶体，收率 58%，m. p. 162~164℃。IR（KBr）：1743，1626，1589，1498，1241，1209 cm^{-1}。^1H NMR（$CDCl_3$）：δ = 15.45（s，1H），12.34（s，1H），8.20

(d, 2H, J = 8.4 Hz), 7.95 (d, 2H, J = 8.4 Hz), 7.85 (d, 1H, J = 8.8 Hz), 7.64～7.68 (m, 1 H), 7.48～7.58 (m, 5 H), 6.90 (d, 1 H, J = 2.0 Hz), 6.84 (dd, 1H, J = 8.8 Hz, 2.0 Hz), 6.80 (s, 1H), 4.63 (a small single peak, methylene proton), (The enol and ketone form was found to be 96：4)。MS (APCI, positive) m/z (%) 361 ([M+H]$^+$, 100)。

(22) 1 - [5 - (苯甲酰氧基) - 2 - 羟基苯基] - 3 - 苯基 - 1, 3 - 丙二酮 (3 - 38b) 的合成

合成及提纯方法同化合物 4 - 8a, 嫩黄色针状晶体, 收率 54%, m. p. 207～209℃。IR (KBr)：1728, 1610, 1563, 1488, 1245, 1197 cm^{-1}。^{1}H NMR (CDCl$_3$)：δ = 15.52 (s, 1H), 12.05 (s, 1H), 8.22 (d, 2H, J = 8.4 Hz), 7.93 (d, 2H, J = 8.4 Hz), 7.62～7.68 (m, 2H), 7.45～7.55 (m, 5H), 7.32 (dd, 1H, J = 9.2 Hz, 2.0 Hz), 7.06 (d, 1H, J = 9.2 Hz), 6.77 (s, 1H), 4.633 (a small single peak, methylene proton), (The enol and ketone form was found to be 97：3)。MS (APCI, positive) m/z (%) 361 ([M+H]$^+$, 100)。

(23) 7 - 羟基黄酮 (3 - 39) 的合成

室温搅拌下将化合物 3 - 38a (1.80 g, 0.005 mol) 加入 40 mL 1% 的氢氧化钠溶液中, 加热回流 3 h。冷却至室温后用稀盐酸酸化, 过滤, 滤饼依次用水, 5% 碳酸氢钠和水洗涤, 干燥, 用乙醇重结晶得灰白色针状晶体。收率 76%, m. p. 240～243℃ (文献[39] 值 240～243℃)。IR (KBr)：1626, 1573, 1548, 1509, 1454, 1386, 1259 cm^{-1}。^{1}H NMR (CDCl$_3$)：δ = 10.09 (s, 1H), 8.03 (d, 2H, J = 8.8 Hz), 7.88～7.90 (m, 2H), 7.50～7.51 (m, 3H), 6.93～6.97 (m, 2H), 6.69 (s, 1H)。MS (APCI, positive) m/z (%) 239 ([M+H]$^+$, 100)。

(24) 化合物 3 - 41, 3 - 52a, 3 - 52b 和 3 - 52c 的合成

化合物 3 - 41, 3 - 52a, 3 - 52b 和 3 - 52c 的合成方法同化合物 3 - 39。

6 - 羟基黄酮 (3 - 41)：淡黄色针状晶体, 收率 68 %, m. p. 231～233℃, (文献[39] 值 231～232℃)。IR (KBr)：1626, 1567, 1475, 1454, 1403 cm^{-1}。^{1}H NMR (CDCl$_3$)：δ = 9.50 (s, 1H), 7.91～7.94 (dd, 2H), 7.57 (d, 1H, J = 2.8 Hz), 7.52～7.54 (m, 3H), 7.47 (d, 1H, J = 9.2 Hz), 7.27 (dd, 1H, J = 9.2 Hz, 2.8 Hz), 6.76 (s, 1H)。MS (APCI, positive) m/z (%) 239 (M+H$^+$, 100)。

4′ - 甲基 - 7 - 羟基黄酮 (3 - 52a)：52%, m. p. 278～280℃ (文献[40] 值 278～280℃)。IR (KBr)：1626, 1593, 1576, 1560 cm^{-1}。MS (APCI, positive) m/z (%) 253 (M+H$^+$, 100)。

3′ – 氯 – 7 – 羟基黄酮（3 – 52b）：46%，m. p. 267 ~ 269℃（文献[40]值 269 ~ 271℃）。IR（KBr）：1624，1572 cm⁻¹。MS（APCI，positive）m/z（%）273（M + H⁺，100）。

4′ – 甲氧基 – 7 – 羟基黄酮（3 – 52c）：38%，m. p. 261 ~ 263℃（文献[40]值 262 ~ 264℃）。IR（KBr）：1627，1577，1546 cm⁻¹。MS（APCI，positive）m/z（%）269（M + H⁺，100）。

（25）6 – 苯甲酰氧基黄酮（3 – 40）的合成

搅拌下向无水乙酸钠（9.5 g，0.116 mol）与乙酸（45 mL）的混合物中加入化合物 3 – 38b（4.0 g，0.011 mol），将混合物加热至回流并反应 9 h。冷却至室温后吸滤，滤饼依次用沸水、5% 的碳酸氢钠溶液以及沸水洗涤。所得粗产品干燥后用乙醇冲结晶，得白色片状固体，收率 76%，m. p. 191 ~ 194℃。IR（KBr）：1736，1639，1583，1573，1454，1263 cm⁻¹。¹H NMR（CDCl₃）：δ = 8.23（d，2H，J = 7.6 Hz），8.07（d，1H，J = 2.8 Hz），7.95（d，2H，J = 8.0 Hz），7.66 ~ 7.69（m，2H），7.61（dd，1H，J = 9.2 Hz，2.8 Hz），7.53 ~ 7.56（m，5H），6.86（s，1H）。MS（APCI，positive）m/z（%）343（[M + H]⁺，100）。

（26）7 – 羟基 – 8 – （对硝基苯偶氮基）黄酮（3 – 53）的合成

①对硝基苯胺的重氮化（正法快速重氮化法）。向 50 mL 烧杯中，加入对硝基苯胺（0.90 g，6.5 mmol）和 3 mL 盐酸（1:1），加热到 70 ~ 80℃并搅拌使溶，然后迅速冷却，呈细小颗粒析出。冷却反应体系到 0℃，一次性迅速加入亚硝酸钠溶液（以亚硝酸钠（0.47 g，6.8 mmol）和水（1.5 mL）配成），剧烈搅拌，不断用刚果红试纸和淀粉碘化钾试纸检查，保持介质呈酸性及有微过量的亚硝酸存在。继续搅拌反应 30 min 后，淀粉碘化钾试纸检验重氮化反应结束，过量的亚硝酸以尿素破坏。生成的重氮盐为淡黄色透明溶液，0 ~ 5℃下保存待用。

②偶合反应。在 50 mL 烧杯中加入 0.50 g（2.1 mmol）7 – 羟基黄酮，然后加入 1% 的氢氧化钠溶液 10 mL，以及 4.0 g 乙酸钠的 10 mL 水溶液，搅拌至全溶。在冰水浴中冷却至 5℃以下。取上述重氮液体积的三分之一，缓慢滴加入到该烧杯中，并不断搅拌，控制反应体系的 pH 值在 8 ~ 9 之间。保温在 5℃以下反应过夜。酸化后抽滤，滤饼用水洗涤多次。干燥后，用乙酸重结晶得深橙色固体，收率 78%，m. p. 297 ~ 300℃。IR（KBr）：3445，1645，1595，1521，1450，1373，1344 cm⁻¹。¹H NMR（CDCl₃）：δ = 14.32（s，1H），8.48（d，2H，J = 8.8 Hz），8.32（d，1H，J = 9.2 Hz），8.11（d，2H，J = 8.8 Hz），8.01 ~ 8.03（m，2H），7.61（m，3H），7.11（d，1H，J = 9.2 Hz），6.99（s，1H）。MS

（APCI, negative） m/z（%）386（[M − H]⁻, 48），387（M⁻, 100）。HRMS（ESI, negative）: cacld for $C_{21}H_{13}N_3O_5$（[M − H]⁻）: 386.0777; found 386.0793。

（27）含黄酮结构聚乙烯胺高分子染料（3 − 55）的合成

向装有机械搅拌的 100 mL 三口瓶中加入 30 mL 氯磺酸，用冰水浴冷却。搅拌下向其中分批加入 1.05 g 偶氮染料 3 − 53。加毕，缓慢升温至 80℃，并保温反应 9 h。将反应混合物冷至室温后，将其缓慢倾入盛有 200 g 碎冰的烧杯中，同时剧烈搅拌。抽滤收集沉淀，并用冰水洗涤至滤液呈中性。将滤饼加入 100 mL 四氢呋喃中，所得悬浮液备用。

准确称取 2.00 g 聚乙烯胺盐酸盐（胺化度 81.7%），加入 500 mL 的三口瓶中，将 50 mL 水，50 mL 四氢呋喃加入三口瓶中，搅拌下，用 10% 氢氧化钠溶液调 pH 值到 10，升温至 25℃。快速搅拌下，将预先配制的悬浮液用滴管在 2 h 内滴入高分子溶液中，滴加过程中不断调节体系 pH 值在 10 左右。反应结束后，用浓盐酸调 pH = 3，在 400 mL 甲醇中析出，过滤，用 50 mL 甲醇索式提取滤饼 24 h，干燥得产品 2.70 g，收率 86.7%（λ_{max} = 382 nm）。通过计算氨基的取代度为 8.1%。

本章参考文献

[1] Bois F, Beney C, Boumendjel A, et al. Halogenated chalcones with high-affinity binding to P-glycoprotein: Potential modulators of multidrug resistance [J]. J. Med. Chem., 1998, 41 (21): 4161 – 4164.

[2] Boumendjel A, Bois F, Beney C, et al. B-ring substituted 5, 7-dihydroxyflavonols with high-affinity binding to P-glycoprotein responsible for cell multidrug resistance [J]. Bioorg. Med. Chem. Lett., 2001, 11 (1): 75-77.

[3] Cushman M, Zhu H, Geahlen R L, et al. Synthesis and biochemical evaluation of a series of aminoflavones as potential inhibitors of protein-tyrosine kinases p56[lck], EGFr, and p60[v-src] [J]. J. Med. Chem., 1994, 37 (20): 3353-3362.

[4] Akama T, Ishida H, Kimura U, et al. Structure-activity relationships of the 7-substituents of 5, 4′-diamino-6, 8, 3′-trifluoroflavone, a potent antitumor agent [J]. J. Med. Chem., 1998, 41 (12): 2056-2067.

[5] 樊能廷. 有机合成事典 [M]. 北京：北京理工大学出版社，1992：519.

[6] Mehta A M, Jadhav G C, Shah R C. Chromones. I. Nitration of some 7-

hydroxychromones and their methyl ethers [J]. Proc. Indian Acad. Sci. , 1949 (29A): 314-321.

[7] Seshadri S, Trivedi P L. Reactions of nitrohydroxychalcones: Synthesis of nitrohydroxyflavones [J]. J. Org. Chem. , 1958, 23 (11): 1735-1738.

[8] Cushman M, Zhu H, Geahlen R L, et al. Synthesis and biochemical evaluation of a series of aminoflavones as potential inhibitors of protein-tyrosine kinases p56[lck], EGFr, and p60[v-src] [J]. J. Med. Chem. , 1994, 37 (20): 3353-3362.

[9] Naik R M, Thakor V M. Kostanecki-Robison acylation of some o-hydroxyacetophenones [J]. Proc. India. Acad. Sc. , 1953(37A): 774-783.

[10] Hogale M B, Pawar B N, Nikam B P. Synthesis and biological activity of some new flavones [J]. J. Indian. Chem. Soc. , 1987, 64 (8): 486-487.

[11] Gaydon E M, Bianchini J-P. Études de composés flavoniques. I. Synthèsis et propriétés (Uv, RMN du ^{13}C) de quelques flavones [J]. Bull. Soc. Chim. Fr. , 1978 (II): 43 –47.

[12] Cardoso A M, Silva A M S, Barros C M F, et al. 3-Aroyl-5-hydroxyflavones: Synthesis and mechanistic studies by mass spectrometry [J]. J. Mass. Spectrom. , 1997, 32 (9): 930-939.

[13] Chawla H M, Sharma S K. Novel one-pot photochemical synthesis of 3-C-aroyl-2-aryl-4H-1-benzopyran-4-ones [J]. Synth. Commun. , 1990, 20 (2): 301-306.

[14] Nemes C, Lévai A, Patonay T, et al. Dioxirane oxidation of 3-arylideneflavanones: Diastereoselective formation of trans, trans spiroepoxide45s from the E Isomers [J]. J. Org. Chem. , 1994, 59 (4): 900-905.

[15] Dhara M G, De S K, Mallik A K. A facile transformation of E-3-benzylideneflavanones to 3- (α-hydroxybenzyl) flavones [J]. Tetrahedron Lett. , 1996, 37 (44): 8001-8002.

[16] Ganvir J T, Ingle V N. Synthesis of 4-benzoyl-3, 5-diarylisoxazoles [J]. J. Indian. Chem. Soc. , 1988, 65 (12): 878-879.

[17] Pinto D G A, Silva A M S, Almeida L M P M, et al, J. 3-Aroyl-5-hydroxyflavones: Synthesis and transformation into aroylpyrazoles [J]. Eur. J. Org. Chem. , 2002 (22): 3807-3815.

[18] Tang L J, Zhang S F, Yang J Z, et al. Novel and convenient one-pot synthesis of 3-Aroyl-7-hydroxy-6-nitroflavones [J]. Synth. Commun. , 2005 , 35 (2), 315-323.

［19］Costantino L, Rastelli G, Gamberini M C, et al. 1-Benzopyran-4-one antioxidants as aldose reductase inhibitors［J］. J. Med. Chem. , 1999, 42 (11): 1881-1893.

［20］Dax T G, Falk H, Kapinus E. A structural proof for the hypericin 1, 6-dioxo tautomer［J］. Monatsh. Chem. , 1999, 130 (70): 827-831.

［21］Hunger K. Industrial dyes: Chemistry, properties, applications［M］. Weinheim: WILEY-VCH Verlag GmbH & Co. KgaA, 2003: 20.

［22］Hunger, K. Industrial dyes: Chemistry, properties, applications［M］. Weinheim: WILEY-VCH Verlag GmbH & Co. KgaA, 2003: 30.

［23］Banks, Kenneth C, Hamilton, et al. Arsenated derivatives of mixed ketones II. Arsenicals of peonol［J］. J. Am. Chem. Soc. , 1938, 60 (6): 1370-1371.

［24］Ankhiwala M D. Studies on flavonoids. Part Ⅱ. Synthesis and antimicrobial activity of 8-bromo-7-n-butoxy-6-nitroflavones, -flavonols and flavnones［J］. J. Indian Chem. Soc. , 1990, 67 (11): 913-915.

［25］Silvia G, Angela R, Alessandra B, et al. Synthesis and biological evaluation of 3-alkoxy analogues of flavone-8-acetic acid［J］. J. Med. Chem. , 2003, 46 (47): 3662-3669.

［26］Deo H T, Desai B K. Dyeing of cotton and jute with tea as a natural dye［J］. J. Soc. Dyers Colourists. , 1999, 115 (7/8): 224-227.

［27］Allan J, Robinson R. Allan-Robinson reaction［J］. J. Chem. Soc. , 1924 (125): 2192.

［28］Mahal H S, Venkataraman K. Synthetical experimentals in the chromone group. Part XIV. The action of sodamide on 1-acyloxy-2-acetonaphthones［J］. J. Chem. Soc. 1934: 1767-1769.

［29］Hoshino Y, Oohinate T, Takeno N. The direct preparation of flavones from 2′-hydroxychalcones using disulfides［J］. Bull. Chem. Soc. Jpn. , 1986 (59): 2351-2352.

［30］LeFloc' h Y, LeFeuvre M. Synthese oe trihydroxyphenayl idenetriphenyl phosphoarnes une nouvelle voie d′ acces aux dihydroxyflavones (chrysine, acacetine…)［J］. Tetrahedron Lett. , 1986, 27 (45): 5503-5504.

［31］Mahboobi S, Pongratz H. Synthesis of 2′-amino-3′-methoxyflavone［J］. Synth. Commun. , 1999, 29 (10): 1645-1652.

[32] Nagarathnam D, Cushman M. A practical synthesis of flavones from methyl salicylate [J]. Tetrahedron, 1991, 47 (28): 5071-5076.

[33] Cushman M, Nagarathnam D. A method for the facile synthesis of ring-A hydroxylated flavones [J]. Tetrahedron Lett., 1990, 31 (45): 6497 – 6500.

[34] Nagarathnam D, Cushman M. A short and facile synthetic route to hydroxylated flavones. New syntheses of apigenin, tricin, and luteolin [J]. J. Org. Chem., 1991, 56 (16): 4884- 4887.

[35] Jain P K, Makarandi J K, Gover S K. A facile Baker-Venkataraman synthesis of flavones using phase transfer catalysis [J]. Synthesis, 1982: 221-222.

[36] Hirao I, Yamaguchi M, Hamada M. A convenient synthesis of 2- and 2, 3-substituted 4H-chromen-4-ones [J]. Synthesis, 1984: 1076-1078.

[37] Deka N Z, Hadjeri M, Lawson M, et al. Acetylated dimethoxyaniline as a key intermediate for the synthesis of aminoflavones and quinines [J]. Heterocycles, 2001, 57 (1): 123-128.

[38] Bois F, Beney C, Mariotte A-M, et al. A one-step synthesis of 5-hydroxyflavones [J]. Synlett, 1999 (9): 1480-1482.

[39] Buckingham J, Macdonald F. Dictionary of organic compounds (Six edition) [M]. London: Chapman & Hall, 1996: 3648.

[40] 闫炳双, 孙铁民, 武振卿. 7-乙酰水杨酰氧基黄酮衍生物的合成 [J]. 中国药物化学杂志, 1994, 4 (1): 36-40.

[41] Tang L J, Zhang S F, Yang J Z, et al. Synthesis of Ring-A hydroxylated flavones by Sodium hydroxide-catalyzed cyclization of 1, 3-diketone in water [J]. Org. Prep. Proced. Int., 2004, 36 (5), 453 – 459.

[42] Gordon P F, Gregory P. Organic chemistry in colour [M]. Berlin Heidelberg: Springer-Verlag. 1987: 62.

[43] Bozdag O, Verspohl E J, Ertan R. Synthesis and hvpoglycaemic activity of some new flavone derivatives. Part 1: Flavonylsulphnylurea derivatives [J]. Arch. Pharm. Pharm. Med. Chem., 1999 (332): 435 – 438.

[44] Lei X-P, Lewis D M, Shen X-M. et al. Crosslinking nucleophilic dyes on wool [J]. Dyes Pigm., 1996, 30 (4): 271-281.